수학으로 생각한다

SANSU NO HASSO
Copyright©2006 KOJIMA Hiroyuki
All rights reserved.
Originally published in Japan by JAPAN BROADCAST PUBLISHING CO., LTD., Tokyo.
Korean translation rights arranged with JAPAN BROADCAST PUBLISHING CO., LTD.,
Japan through THE SAKAI AGENCY and EntersKorea Co., Ltd.

이 책의 한국어판 저작권은 (주)엔터스코리아를 통한 일본의 JAPAN BROADCAST
PUBLISHING CO. LTD.와의 독점계약으로 동아시아가 소유합니다.
신 저작권법에 의하여 한국 내에서 보호를 받는 저작물이므로 무단전재와 무단복제를 금합니다.

수학으로 생각한다

경제와 사회의 논리에서 우주의 비밀까지

ⓒ 고지마 히로유키, 2008. Printed in Seoul, Korea.

초판 1쇄 펴낸날 2008년 5월 8일 | 초판 14쇄 펴낸날 2022년 5월 20일
지은이 고지마 히로유키 | 옮긴이 박지현 | 감수 박경미 | 펴낸이 한성봉
편집 서영주·박래선 | 디자인 정애경 | 삽화 만밥 스튜디오 정준영
마케팅 박신용·오주형·강은혜·박민지 | 경영지원 국지연·강지선
펴낸곳 도서출판 동아시아 | 등록 1998년 3월 5일 제1998-000243호
주소 서울시 중구 퇴계로30길 15-8 [필동1가 26]
페이스북 www.facebook.com/dongasiabooks | 전자우편 dongasiabook@naver.com
블로그 blog.naver.com/dongasiabook | 인스타그램 www.instagram.com/dongasiabook
전화 02) 757-9724,5 | 팩스 02) 757-9726

ISBN 979-89-88165-05-8 03400
파본은 구입하신 서점에서 바꿔드립니다.

값 12,000원

경제와 사회의 논리에서 우주의 비밀까지
수학으로 생각한다

고지마 히로유키 지음 | 박지현 옮김 | 박경미 감수

동아시아

초등수학의 단순한 아이디어로 연주하는 한 편의 웅장한 교향곡

박경미 홍익대학교 수학교육과 교수

이 책은 초등학교 수학이 주변의 여러 현상이나 사회과학과 자연과학의 이론들과 어떻게 관련되는지를 체계적으로 설명하고 있다. 예를 들어 서로 다른 속도로 걷는 두 사람이 언제 만날까 하는 초보적인 문제로부터 시작하여 상대성의 원리, 도플러 효과, 허블의 법칙을 이끌어낸다. 또 수학자 가우스가 어린 시절 사용한 덧셈의 아이디어가 어떻게 파생금융상품에 적용되고 결국 경제 현상을 읽어내는 혜안을 제공하는지 설명하고 있는데, 그 흐름을 따라 읽다보면 저절로 고개가 끄덕여진다. 단순한 산술적인 문제와 물리학에서 다루는 고난도의 법칙, 그리고 복잡한 경제 현상 사이에 간극이 있기는 하지만 저변에 깔린 본질적인 아이디어는 동일하기 때문이다.

 초등학교 수학에서 다루는 간단한 아이디어가 여러 현상이나 이론들을 관통하면서 연결되어 가는 것을 보면 마치 음악에서 하나의 악기로 연주

되는 단순한 멜로디가 다른 악기들과 어우러지면서 점차 복합적이고 아름다운 선율로 변화하다가 결국 웅장한 교향악의 소리로 발전해가는 것과 비슷한 느낌이 든다.

17세기의 수학자이자 철학자인 데카르트(R. Descartes: 1596~1650)는 수학을 연구하는 철학자답게, '모든 문제를 수학 문제로, 모든 수학 문제를 대수 문제로, 또 모든 대수 문제를 방정식 문제로 바꾸라'고 제안을 한 바 있다. 세상의 많은 문제들은 수학적으로 접근하여 풀 수 있고, 수학 문제를 대수 문제로 바꿀 수 있는 경우가 많으며, 대부분의 대수 문제는 방정식으로 귀결된다는 점을 강조한 말이다. 이처럼 대수적 방법은 문제 풀이에 대한 보편적 조작 방법을 제공하지만 일면 양날을 가진 칼이다. 문제의 조건에 따라 방정식을 세운 후에는 자동화, 정형화된 절차를 기계적으로 따라가면 되므로, 대수적 절차가 시작되면 수학적 사고가 멈추는 경향이 나타날 수 있다.

대수적 방법은 일반화 가능하다는 면에서 강력한 해법이라고 할 수 있지만, 문제 해결력의 신장이나 다양한 사고를 경험한다는 측면에서는 산술적 사고를 충분히 거치는 것이 필요하다. 이 책에서 강조하고 있는 바도 결국 이 점이다. 이 책은 초등학교 수학에서 주로 통용되는 산술적 사고arithmetic thinking를 중학교 이후의 대수적 사고algebraic thinking와 대비시키면서, 산술적 사고는 유연한 사고를 가능하게 하며 창의적 사고의 원천이 된다는 점을 강조하고 있다. 실제 산술적 수준에서 가능한 소박한 원시적 아이디어에는 기발한 착상이 담겨 있는 경우가 많다.

수학사를 살펴보면 수학에서 대수代數가 본격적으로 등장한 것은 16세기의 수학자 비에트(F. Vieté: 1540~1603)가 문자를 사용하면서부터이다. 기나

긴 수학사에서 인류가 대수적 사고에 진입한 것은 400여 년에 지나지 않으며, 그만큼 인류는 발견의 원천을 제공하는 산술적 사고에 오랫동안 머무르다가 대수적 사고로 발전해 왔다고 할 수 있다. 이런 점은 초등학교부터 일찌감치 중학교 수학을 가르쳐 수학적 아이디어의 싹을 틔우지 못하도록 하는 선행 학습에도 일침을 놓는다.

실제 초등학교 고학년에 나오는 어려운 문제 중 상당수는 방정식을 이용하면 아주 간단하게 해결할 수 있다. 문제를 해결하는 싸움터에서 산술적 방법을 이용하는 것은 칼만 가지고 싸우는 것에, 방정식을 동원하는 대수적 방법은 칼뿐 아니라 총까지 소지하고 싸우는 것에 비유할 수 있다. 당장의 싸움에서는 총까지 동원하는 것이 유리해 보인다. 그렇지만 자연스러운 학습 속도를 따라가도 중학생이 되면 대수적 방법, 즉 총을 쓸 수 있게 된다. 그렇다면 그때는 누가 더 유리할까? 아마도 칼이라는 원시적인 무기로 버티면서 다양한 노하우를 축적한 경우가 유리할 것이다. 선행 학습을 한 학생들은 일찍이 강력한 총으로 무장했기 때문에 잠시 우위에 서는 것 같지만, 남들도 동일한 무기를 가지게 되면 별 소용이 없어진다. 따라서 성급하게 대수의 단계로 넘어가기보다 적당한 시기까지 산술적 단계에 머물러 있는 것이 현명한 판단일 수 있다.

이 책을 통해 많은 독자들이 단순한 수학적 아이디어가 어떻게 여러 현상과 이론의 토대를 이루어 가는지 이해하면서, 산술적 사고의 가치를 경험할 수 있기를 바란다.

여는 글

수학으로 생각한다

2006년 4월 FM 라디오 제이 웨이브J-WAVE에서 방송되는 프로그램에 출연한 적이 있었다. 주제는 '수학은 정말 쓸모가 없을까'였고 당시 프로그램을 진행하던 사람은 인기그룹 V6의 오카다 준이치였다. 오카다는 아이돌 스타라고 믿기 어려울 만큼 싹싹하고 건강한 청년으로 필자는 1시간 동안 진행되는 방송을 편안하게 즐길 수 있었다.

방송 진행자인 오카다와 이야기를 나누면서 매우 놀란 것 한 가지가 있었는데, 그는 '수학의 문제는 처음부터 답이 정해져 있다'고 생각했다. 물론 오카다뿐만 아니라 대다수가 그렇게 생각하는지 모른다. 그래서 필자는 오카다에게 "수학은 국가와 시대, 문화에 따라 다르게 발전해왔으며 무엇보다 지금 이 순간에도 진보하고 있다"고 설명했다. 그러자 오카다는 굉장히 놀란 듯, 호기심 많은 소년처럼 눈동자를 반짝였다. 필자는 여세를 몰아 "수학적 사고란 학교에서 시험을 보기 위한 게 아니다. 오히려 일상생활이나 인간관계, 우주의 수수께끼까지 다양한 장면에 나타나는 문제에 대한 사유이자 인류의 문화이며 자산이다. 따라서 인간으로 태어나 수학을 제대로 이해하지 못한다는 건 정말 안타까운 일"이라고 힘주어 말했다. 이 말을 듣고 감탄하던 오카다의 모습이 아직도 눈에 선하다. 영민한 감각의 아이돌 스타 오카다는 이 한마디에 굉장히 충격을 받은 것 같았다.

나는 오카다처럼 선입견에 사로잡힌 사람들에게 수학의 매력을 전하기 위해 이 책을 썼다. 이 책에 소개한 여러 유형의 수학 문제는 초등학교 수학에서 배우는 것들이다. 하지만 그 문제들을 풀면서 어려운 방정식이나 수식을 사용하는 중고등 수학과는 다른 방식으로 사유하는 독특한 재미를 느낄 수 있으리라 생각한다. 초등학교 때 배우는 수학은 '산술적 사고'에 기반해 문제를 해결하는 방식으로 중학교 때의 수학과 문제 해결의 본질적인 발상 자체가 다르다는 것을 이야기할 것이다.

물론 이 책의 목표는 단순히 수학 문제를 '푸는' 데 있지 않다. 이 책에서는 다양한 예를 들어 '초등학교에서 배우는 수학의 소박하고 원시적인 발상'이 실은 첨단 과학의 시각이나 사고와 이어져 있다는 것을 설명하고 보여줄 것이다. 다시 말해 우리는 초등학교에서 배우는 수학만으로도 첨단 과학 이론들을 이해할 수 있으며 또 간단한 수학 문제를 통해 유연하게 사고하다 보면 어느새 첨단 과학의 성과와 만나게 된다는 것을 보여주고자 한다.

이곳에 등장하는 과학은 물리학, 경제학, 수학, 통계학, 게임이론에 이르기까지 매우 다양하다. 수학적 발상은 인간관계와 사회현상, 우주의 수수께끼까지 연구하는 인간에게 필요한 가장 본질적인 사고방식이다. 수학을 못하는 사람이라도 골머리를 앓지 않고 초등수학의 단순하고 소박한 발상으로 이해할 수 있는 첨단 이론이 얼마든지 있다. 오히려 어려운 수식이나 계산을 동원하는 것이 첨단 이론들의 중요한 아이디어를 쉽게 이해하는 데 방해가 될 수도 있다. 나는 이 책에 그런 분야를 정리했다.

서론에서는 초등학교에서 배우는 수학이 이후 중고등학교에서 배우는 수학과 어떤 점에서 차이가 있는지, 왜 우리가 초등수학의 문제 해결 방식으로 돌아가 유연하게 사고해야 하는지를 분석적으로 설명했다.

1~3장에서는 우리를 둘러싼 대자연과 우주의 이미지를 완전히 뒤집는 소재를 정리했다. 1장은 '속력·거리·시간에 관한 문제'에서 시작해 상대성 이론, 도플러 효과, 그리고 빅뱅 이론으로, 2장은 '가우스 덧셈'에서 경제학의 외부불경제와 환경문제로, 3장은 '닮은꼴'에서 최신 과학 이론인 프랙탈과 복잡계의 이야기로 넘어간다. 4~6장에서는 복잡하게 얽히고설킨 사회구조를 파악하는 데 수학이 어떻게 중요한 발상을 제공하는지를 소개한다. 4장에서는 단위시간 동안 이루어지는 일의 양에 대한 문제를 통해 경제 성장과 경기침체를 어떻게 해석할 수 있는지를 설명하고, 5장에서는 '카디널리티 Cardinality'에서 출발해 엔트로피와 사회적 양극화를 설명한다. 마지막으로 6장에서는 '집합 계산'을 이용해 이익 분배 문제를 풀어본다.

독자 여러분들이 초등수학에 대한 선입견을 버리고 초등수학의 유연한 발상으로 인간 사회의 법칙들과 우주의 본질까지 파헤치는 새로운 시각을 갖게 되길 간절히 바란다.

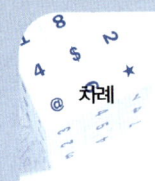
차례

| 감수 추천의 글 | 초등수학의 단순한 아이디어로 연주하는 한 편의 웅장한 교향곡 5
| 여는 글 | 수학으로 생각한다 9

서론 수학에 대한 고정관념 깨기 : 발상의 전환

| 수학에 대한 고정관념 19
| 산술적 사고 vs. 대수적 사고 20
| 기계적으로 계산하지 말고 머리를 유연하게 21
| 초등수학의 산술적 사고와 과학자의 직관 23
| 일상적 경험에서 우주의 법칙까지 25
| 발상의 전환: 픽션 감각을 키워라 26
| 위대한 생각의 원동력, 픽션 감각: 뉴턴과 하이젠베르크 27
| 수학으로 생각하면 세상을 보는 시야가 넓어진다 31

제1장 유연한 사고로 세상을 읽는다 : 상대성 이론에서 빅뱅론까지

| 형과 동생은 언제, 어디서 만날까? 35
| 자신이 멈추어 있다고 가정하면… 37
| 기계적인 계산에서 벗어나 상상력을 발휘해보자 38
| 수식의 조작은 '유연한 두뇌'를 불필요하게 만든다 40
| 코사크 기병의 산양 사냥 41
| 산술적 사고에서 물리학으로 44
| 물리학자 도플러의 발견 45
| 사이렌 소리가 다르게 들리는 이유 47
| 도플러 효과와 상대속도 49

| 빛의 도플러 효과와 우주의 팽창 51
| 달리는 지하철에서 편히 앉아 있을 수 있는 이유 55
| 상대성 원리로 해석하는 운동량 보존의 법칙 59
| 인생에서 느끼는 상대성 62
| 허블의 법칙과 상대성 원리 63
| 닮은꼴로 푸는 우주의 수수께끼 65

제2장 수학으로 생각하는 경제현상 : 파생금융상품과 외부불경제

| 수학 천재 가우스의 계산법 71
| 수열을 거꾸로 더하는 테크닉 72
| 210과 서로소인 자연수의 합은? 74
| 파생금융상품에 활용되는 '가우스 덧셈' 76
| 자유로운 경쟁이 최적의 경제적 효율성을 만든다 79
| 시장에서 거래가 이루어지는 과정 81
| 시장 거래와 에지워스 상자 84
| 가격 조정으로 최적성이 실현된다: 발라의 정리와 증명 85
| 외부불경제를 제안한 피구의 반례 87
| 시장에 포함되지 않는 경제현상: 외부불경제 89
| 그래프로 이해하는 '사회의 이익' 91
| 그래프를 뒤집어라: 그림으로 이해하는 외부불경제 94
| 세금제도는 공해를 해결할 수 있을까? 97

제3장 닮은꼴에서 상상하는 프랙탈 : 무한을 이미지화 한다

| '닮음'으로 세상을 바라보다 103
| 닮음과 넓이의 관계 105
| '닮음과 넓이의 법칙'을 증명하다 106
| 증기기관을 발명한 와트의 에피소드 109
| 닮음으로 피타고라스의 정리를 증명하다 110
| 자기 유사성을 지닌 현상, 프랙탈 112
| 코흐 곡선 문제 113
| 시어핀스키 카펫 114
| 수학자 만델브로트의 발견 115
| 브라운 운동과 프랙탈 117
| 퍼콜레이션(침투현상)과 임계현상: 거듭제곱의 법칙 119
| 프랙탈 도형은 실제로 존재할까? 122
| 코흐 곡선의 길이는 무한, 시어핀스키 카펫의 넓이는 0 127
| '차원'을 통해 프랙탈의 이미지를 파악하다 129
| 프랙탈은 몇 차원? 131
| 프랙탈의 차원을 구하는 방법 133
| 리아스식 해안 그리고 가옥에 나타난 프랙탈 136
| 프랙탈로 파헤친 경제사회의 비밀 138

제4장 단순한 수학 아이디어로 파헤치는 경제의 비밀

| 시간당 우리가 하는 일은 얼마나 될까? 145
| 상상력으로 복잡한 문제를 단순화하라 147
| 소는 언제 초원의 풀을 다 뜯어먹을까?: 뉴턴의 문제 150
| GDP와 투입 산출의 메커니즘 153

| 쉽게 이해하는 경제성장의 구조 155
| 투자는 사회공헌인가? 156
| 제로 상태: 정상상태 158
| 축적과 누출이 있는 모델 160
| 경제는 정상상태를 지향한다 163
| 경제학자 로버트 솔로의 경제성장 모델 165
| 국민 한 사람이 한 일을 얼마나 될까 167
| 정상상태에서도 경제는 성장한다 169
| 경제성장과 저축률의 관계 170
| 저출산은 경제에 악영향을 미칠까 173
| 번영한 국가는 반드시 쇠퇴한다? 175
| 경기침체를 해석하는 방법 177
| 노동 효율을 고려한 경제성장 모델 181
| 경제성장이론에 대한 기대 184

제5장 순열과 조합으로 분석하는 물리현상과 사회현상
: 엔트로피와 양극화 사회

| 카디널리티의 아이디어 189
| 대상을 암호화한다 190
| 수형도의 테크닉 192
| 순열과 조합의 기법 193
| '동질성'과 '이질성'의 관점으로 보는 세계 198
| 거스를 수 없는 자연현상 199
| 기체분자를 수형도로 표현해보자 201
| 방이 진공상태가 될 수 없는 이유 202
| 복잡해지려는 힘 205

| 열 현상과 엔트로피를 돈에 비유해 보자 208
| 양극화 사회와 엔트로피 210
| 양극화의 원인: '정보와 네트워크' 212
| 자기 조직화와 엔트로피의 감소 214

제6장 집합으로 이해하는 사회의 역학관계

| 집합과 벤다이어그램 219
| 집합이 3개일 때 포함배제의 원리 224
| 포함배제의 원리를 응용해보자 226
| 약수 배수에 관한 재미있는 법칙 229
| 수학자 뫼비우스의 발견 232
| 오일러 함수를 규명하다 233
| 포함배제의 원리와 뫼비우스의 반전공식은 비슷한 원리 236
| 주종관계가 있으면 뫼비우스 반전공식이 성립한다 238
| 합승한 택시 요금 나누기: 협력게임 240
| 세 사람이 합승한 경우 243
| 뫼비우스의 반전공식이 나타난다! 247
| 합리적인 샤플리 값 248
| 카디널리티의 관점에서 본 샤플리 값 251
| 의회에서 차지하는 정당의 힘 253

| 맺음말 | 산술적 사고와의 재회 257
| 참고문헌 | 263

서론

수학에 대한 고정관념 깨기

발상의 전환

수학으로 생각한다

수학에 대한 고정관념

여러분은 '초등수학'이라고 하면 어떤 이미지가 떠오르는가? 어떤 사람은 '복잡한 계산 문제'를, 또 어떤 사람은 '삼각형이나 원과 같은 도형'을 떠올릴 터이다. 또 다양한 '응용문제'를 생각하며 한숨부터 쉬는 사람도 있으리라 짐작한다. 교육에 관한 설문조사 결과를 보면, 아이들은 대체로 초등학교 저학년까지는 수학을 좋아한다. 확실히 초등학교 저학년인 내 아들을 봐도 수학을 재미있어 하는 것 같다. 그러나 초등학교 고학년이 되면서 수학 때문에 골머리를 앓는 아이들이 늘어난다.

이때 어려움을 겪는 이유는 저마다 다르다. 분수나 곱셈, 나눗셈부터 알레르기 반응을 보이는가 하면, 글을 읽고 풀어야 하는 '응용문제'가 나오면 포기하는 아이도 있다. 물론 초등학교 때에는 수학을 잘했는데 중학교에 올라가면서 문자식이나 함수가 나오면서, 또는 고등학교에서 사인과 코사인을 배우면서 수학과 멀어지는 사람도 적지 않다. 어느 단계든 수학을 포기한 사람은 대부분 초등학교에서 배우는 수학에 대해 안 좋은 추억을 갖게 된다. 많은 사람들이 '초등학교 때 수학 공부를 힘들게 해봤자 쓸모없다'고 생각하는 게 현실이다.

산술적 사고 vs. 대수적 사고

운 좋게 끝까지 수학을 잘해서 이공계열의 일을 하고 있거나, 수학에 자신감을 갖고 학창시절을 보낸 사람들은 초등수학을 어떻게 생각할까. 확실한 통계가 아니라 필자가 지인들과 이야기하며 느낀 점인데, 그들은 초등수학을 그리 대수롭지 않게 여기는 것 같았다. 이유를 짐작해보면 이렇다.

초등학교 수학에 나오는 '응용문제'를 생각해보자. 학과 거북이가 각각 몇 마리인지 구하는 문제, 속력·거리·시간에 관한 문제, 비례배분을 계산하는 문제, 기초적인 덧셈과 뺄셈을 응용하는 문제는 중학교에서 수학을 배우면 방정식으로 간단하게 해결할 수 있다. 따라서 수학에 잘 적응

한 학생은 계산이라는 발상 자체에 흥미를 잃고, 오히려 보편적 조작성을 가진 대수학代數學이나 미적분학에 관심을 갖기 마련이다. 좀 더 그럴듯하게 표현하면 '개별성'에서 '보편성'으로 관심 영역이 전환된 것이라고 할 수 있다. 대체로 이런 학생들은 초등학교 수학을 기껏해야 '재미있는 퍼즐'로, 최악의 경우에는 '초등학교 때 수학 공부는 힘들게 해봤자 쓸모없다'고 생각한다.

수학자 프랑수아 비에트(F. Viete, 1540~1603)가 문자를 사용하면서부터 수학에 대수가 본격적으로 등장했다.

● 기계적으로 계산하지 말고 머리를 유연하게

초등학교에서 배우는 수학은 '개별적'이고 중학교 때부터 접하는 수학은 '보편적'이라고 설명했다. 그렇다면 이와 관련된 구체적인 예를 살펴보자. 다음과 같은 기초적인 덧셈·뺄셈을 이용한 응용문제를 보자.

'형과 동생의 용돈의 합은 1000원이고 용돈은 400원 차이가 난다. 각자 받는 용돈은 얼마일까?'

또 학과 거북이의 수와 다리의 합계를 바탕으로 각각의 수를 구하는 문제도 있다.

'학과 거북이가 모두 10마리 있다. 다리를 모두 더하면 38개이다. 학과 거북이는 각각 몇 마리인가'

이 두 문제를 해결하는 방법에서 중학교 수학과 초등학교 수학은 전혀 다르다. 초등학교 수학에서라면 형과 동생

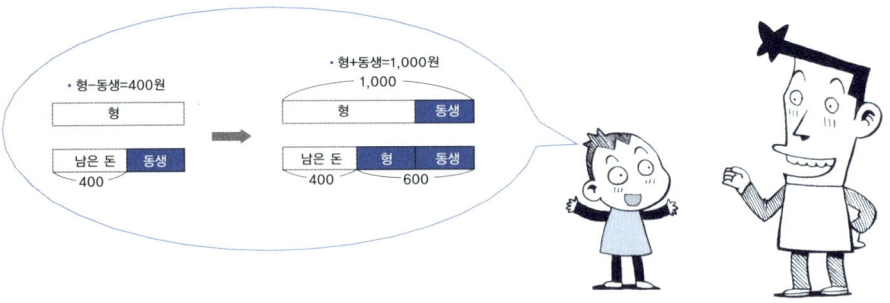

의 용돈 문제는 이렇게 풀 것이다. 1000원에서 400원을 뺀다. 그 결과 나오는 600원은 동생이 받는 용돈의 2배라는 것을 그림을 통해 알 수 있다. 즉 동생의 용돈은 600÷2=300원. 형이 받는 용돈은 1000-300=700원이다.

학과 거북이의 수를 구하는 문제는 어떻게 풀까? 먼저 '만약 모두 거북이라면'이라는 가정을 하면 다리는 4×10=40이다. 그러나 실제 다리는 총 38개이므로 2개가 부족하다. 여기서 모두 '거북'이라는 가정이 틀렸다는 것을 알 수 있다. 학이 1마리라는 것도 알 수 있다. 따라서 답은 학 1마리, 거북이 9마리다.

이렇게 초등학교 때 수학에서 배우는 방식은 문제에 따라 개별적으로 풀어야 하지만 중고등학교 수학은 방정식을 이용해 한꺼번에 해결할 수 있다. 형과 동생의 용돈을 계산하는 문제의 경우 형과 동생의 용돈을 각각 x원과 y원이라고 하면 $x+y=1000$, $x-y=400$이라는 연립방정식이 성립된다. 학과 거북이의 수를 구하는 문제는, 학 x마리, 거북이 y마리라고 하면 $x+y=10$, $2x+4y=38$이 된다. 두 문제 모두 '한쪽의 문자를 대수적 조작으로 소거'하는 방식으로 해결할 수 있다. 이렇게 중고등학교에서 배우는 수학의 대수적 사고 방식으로 본다면 두 문제 사이에는 이렇다 할 특징이 없다. 방정식으로 해석하여 정해진 식대로 푸는 기계적 조작이 존재할 뿐이다.

수학에 자신이 있거나 수학을 좋아하는 사람은 대부분 이런 '방정식에 의한 보편적 해법'을 배우면서 수학의 위력에 매혹된다. 때문에 초등수학은 교육과정상 거쳐야 할 하나의 통과의례 정도로 인식하게 된다.

●
초등수학의 산술적 사고와 과학자의 직관

그러나 이것은 초등수학을 잘 모르고 하는 큰 오해다. 오히려 초등수학의 산술적 사고와 유연한 생각이야말로 다양한 과학적 발상의 근원이라 할 수 있다. 어른이 되어 이과에 가지 않거나 수학과 상관없이 사는 사람은 물론이고, 이 공계에 몸담고 있는 사람이라도 이런 생각은 거의 하지 않으리라 짐작한다. 그럼 초등수학의 해법에는 어떤 첨단 과학적 발상이 숨어있는지 살펴보자.

과학적 발견 뒤에는 반드시 '세상을 어떻게 바라보는가'

와 관련된 과학자만의 '독특한 관점'이 존재한다. 많은 학자들이 경험하는 일화를 소개해보자. 과학자가 '이 계산만 끝나면 법칙이 완성된다'고 직감하는 순간, 이미 법칙은 확신의 단계에 들어선다. 식을 계산하는 것은 확인 작업에 불과하다.

아인슈타인의 일생을 그린 드라마 〈헬로우 아인슈타인〉에는 이런 장면이 나온다. 아인슈타인은 조수에게 계산을 맡기고 요트를 타러 나간다. 한동안 요트를 타고 돌아온 아인슈타인에게 조수가 "선생님께서 말씀하신 대로 안 되던데요."라며 계산 결과를 보여준다. 아인슈타인은 결과를 제대로 보지도 않고 "아니, 아니지. 그럴 리가 없네. 안 될 리가 없으니 다시 계산해보게."라고 한 뒤 요트로 돌아간다. 즉 아인슈타인은 이미 직감적으로 결과를 확신하고 번거로운 계산은 조수에게 맡긴 것이다.

이런 '과학자의 직감'은 우주에 대한 인식의 본질이며 신념이라 할 수 있다. '나는 우주를 이렇게 본다', '세상이 이렇게 되었으면 좋겠다', '분명 이렇게 될 것이다'라고 느끼는 예감과도 같다. 이렇게 우주의 이치를 분별할 수 있는 '육감'은 여러 각도에서 일상을 관찰하고 많은 경험을 하면서 발달된다. 이것은 '개별적'인 것으로 '보편적인 조작성'과 다르다. 과학자의 직감과 육감은 보편적 조작을

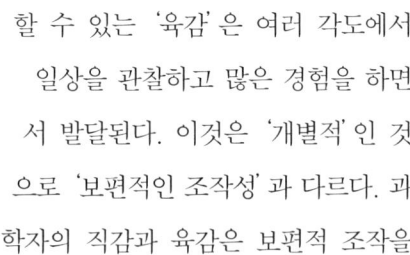

주로 다루는 중고등수학 이전의 초등수학의 산술적 사고 안에 단단히 뿌리내리고 있다.

●
일상적 경험에서 우주의 법칙까지

흔히 접할 수 있는 문제를 살펴보자. 이 문제의 유형은 각각 속도와 출발 시간의 차이가 일정할 때, 먼저 출발한 사람을 나중에 출발한 사람이 추월하는 지점과 시각을 구하는 문제다. 자세한 내용은 1장에서 다루겠지만, 이 해법에는 '상대속도'라는 특별한 '관점'이 숨어있다. '자신이 움직이지 않는다고 가정하면 상대방이 나를 향해 다가오는 것처럼 보이는' 현상에서 비롯된 발상이다. 이런 식으로 보면 '두 사람이 움직이는 문제'가 '한 사람만 움직이는 문제'로 바뀐다.

그러나 이게 전부가 아니다. 중요한 것은 '상대속도'가 단순히 수학 문제를 풀기 위한 수단이 아니라 실제 일상생활에서 자주 겪는 일이라는 점이다. 지하철을 타면 우리는 빠른 속도로 움직이고 있다는 사실을 느끼지 못한다. 오히려 멀리 보이는 풍경이 굉장히 빠른 속도로 지나간다고 생각한다. 그러나 이 흔한 경험적 법칙을 조금만 발전시키면 우주의 수수께끼를 풀 수 있는 물리법칙이 된다. 그것은 갈릴레오 갈릴레이의 '관성의 법칙'의 발견으로 이어지고 아인슈타인의 '상대성 이론'으로 정리된다. 즉 '속력·거리·시간에 관한 문제'에 나타나는 단순한 발상과 소박한 관점은 '상대속도'를 거쳐 우주의 근원적 법칙으로 발전한다.

●
발상의 전환: 픽션 감각을 키워라

초등학교에서 수학 문제들을 해결하는 해법에는 또 하나의 독특한 발상이 숨어있다. 바로 '픽션을 이용한다'는 점이다. 전형적인 예는 앞에서 살펴본 '학과 거북이의 수를 구하는 문제'다. 앞에서는 '모두 거북이'라고 가정했다. 이렇게 '모두 거북이라고 가정하는' 것은 '픽션' 즉 '허구'다. 그러나 결과적으로 '허구'에 불과하던 가정이 정답의 길잡이가 되고 있으니 이 얼마나 재미있는 일인가. '가설'과 '픽션' 그 자체는 참이 아니더라도 그것은 우리를 정답으로 안내해준다.

잘 생각해보면 초등학교 어린이에게 가장 중요한 과목은 수학과 국어이다. 이 두 과목에 공통적으로 픽션이 관련된다는 점은 주목할 만하다. 국어는 '이야기'라는 픽션을 통해 인간과 세상을 이해할 수 있도록 도와준다. 현실이 아닌 '가공의 시공간에서 펼쳐지는 이야기'를 관찰하며 삶의 희로애락을 배우게 된다. 수학과 국어에서 픽션이 차지하는 비중을 생각해보면 픽션이 '사고의 틀'에서 얼마나 중요한 역할을 하는지 알 수 있다. 즉 픽션은 인간이 세상을 이해하기 위해 필요한 가장 중요한 도구라 할 수 있다.

과학자가 '몽상가'처럼 보이는 이유는 바로 이 픽션 감각 때문이다. 몽상은 사람들에게 뜬구름 잡는 이야기처럼 들린다. 그러나 과학자 본인에게는 자신의 인생관에서 비롯된 절실한 현실세계이며 그가 세상을 바라보는 '발상의 안경'이므로 결코 가벼이 여길 수 없다.

●
위대한 생각의 원동력, 픽션 감각: 뉴턴과 하이젠베르크

'픽션' 하면 떠오르는 사람이 있다. 바로 뉴턴이다. 뉴턴이 만유인력을 발견할 때 '사과가 나무에서 떨어지는 것을 보고 어째서 사과가 땅으로 떨어지는지 생각했다'는 일화는 매우 유명하다. 그러나 우리가 알고 있는 일화는 정확한 이야기가 아니다. 그 뒷이야기가 있다는 사실은 잘 알려지지 않은 듯하다. 뉴턴이 정말 궁금했던 것은 '사과는 나무에서 땅으로 떨어진다. 그런데 어째서 달은 땅으로 떨어지지 않는가'였다.

여기서 뉴턴의 생각은 픽션으로 옮겨간다. '만일 달도 땅으로 떨어진다면?' 뉴턴은 그렇게 생각했다. 그리고 문득 떠오른 것이 '달은 사과처럼 지면을 향해 떨어진다. 그러나 그와 동시에 지면과 평행으로 움직인다. 그 속도가 절

묘하게 맞아떨어져 지구 주변을 빙빙 돌게 된 게 아닐까?'
이 단순한 발상을 계산으로 옮기면 뉴턴의 역학방정식이
된다.

또 20세기의 천재 물리학자 베르너 하이젠베르크가 불확
정성의 원리를 생각해낸 일화도 유명하다. 하이젠베르크는
미시적micro 세계에서 물질의 움직임이 역학법칙에 어긋나

플라톤 입체

그리스의 철학자 플라톤은 저서 『티마이오스』에서 우주의 근본적인 원소로 물, 불, 공기, 흙을 논하면서 이들 4원소를 통해 우주에 존재하는 모든 사물들의 구조를 수적 비례와 균형의 관점에서 설명한다. 이 네 가지 원소는 각각 네 가지의 입체에 대응하는데 정사면체는 불, 정육면체는 흙, 정팔면체는 공기, 정이십면체는 물이라고 플라톤은 설명하고 있다. 각각의 입체에 각 원소를 대응시키면서 플라톤은 흙의 경우 가장 덜 움직이고, 조형성이 가장 높으며 따라서 안정성이 높기 때문에 정육면체라고 했으며, 불은 날카롭고 잘 움직이는 정사면체를, 물은 가장 움직이기 힘들고 부드러운 정이십면체를, 모든 면에서 중간에 위치한 공기는 정팔면체라고 말했다. 한편 가장 구球에 가까운 정십이면체는 우주 전체를 나타낸다. 이 다섯 가지 정다면체를 플라톤 입체platonic solid라고 부른다. 특히 플라톤은 이 원소들을 수학적으로 파악하고 있는데, 이들 다면체들이 최소 단위의 도형인 '삼각형'들이 결합한 것이라고 생각했다. 이에 대해 하이젠베르크는 플라톤이 4원소를 물질이 아니라 수학적 형태들로 파악한 것에 주목했다.

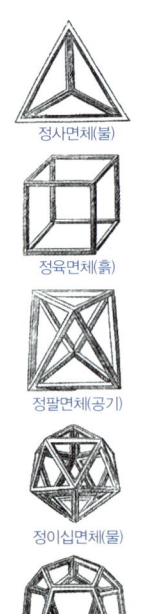

정사면체(불)

정육면체(흙)

정팔면체(공기)

정이십면체(물)

정십이면체(우주)

는 것처럼 보이는 이유를 고민했다. 그러던 어느 날 문득 어린 시절 친구와 나눈 이야기가 떠올랐다. 그것은 그리스의 철학자 플라톤이 논한 플라톤 입체_정다면체_에 관한 하잘것없는 논쟁이었다. 즉 '플라톤은 물질의 최소 단위를 네 개의 정다면체라고 생각했다. 그런데 플라톤처럼 대단한 사람이 어째서 물질을 정사면체, 혹은 정팔면체라고 생각했을까?'

물리학자가 된 하이젠베르크는 이렇게 어린 시절에 가졌던 '초등수학'에서 비롯된 의문을 떠올렸고 그것을 중요한 착상으로 발전시켰다. 하이젠베르크는 생각했다. '플라톤이 말하고 싶었던 것은 형태 자체가 아닐 것이다. 플라톤은 물질은 미시적 세계에서 질감이 있다기보다 수학적 대상이 된다는 말을 하고 싶었던 게 아닐까?' 이때 하이젠베르크를 지배한 것은 일종의 픽션이었고 그것은 그에게 자연의 진리를 알려주었다. 즉, 운동하는 소립자는 이미 우리가 일상적으로 상상하는 물질과 다른 존재로, '확률적 파동이라는 수학적 대상'이 된다는 뜻밖의 진리였다. 하이젠베르크는 이렇게 초등수학에서 배우는 정사면체나 정팔면체 등의 플라톤 입체에서 출발해 현대 물리학 최고의 성과를 이뤄냈다.

하이젠베르크와 불확정성의 원리

20세기 현대 과학의 혁명에 상대성 이론만큼 커다란 영향을 미친 이론이 바로 양자역학이다. 양자역학의 핵심은 거시 세계에 통용되는 물리법칙이 원자나 입자와 같은 미시적인 세계에는 적용되지 않는다는 것에 있다. 고전역학으로는 입자의 운동과 같은 미시적 세계의 현상을 설명할 수 없으며 입자에는 관성의 법칙이나 힘의 법칙이 통하지 않는다는 것이다. 뉴턴 고전역학에 의하면 입자의 위치와 운동량은 입자가 어떤 상태에 있든지 항상 동시 측정이 가능하다고 생각했다. 하지만 양자역학에 의하면 우리는 임의의 물체의 위치와 속도를 동시에 정확하게 알 수 없다. 운동량(질량×속도)의 불확정성과 위치의 불확정성은 서로 상보적 관계, 다시 말해 한쪽이 커지면 다른 한쪽이 작아지는 관계에 있다는 것이다. 때문에 입자의 위치를 정하려고 하면 운동량이 확정되지 않고, 운동량을 정확히 측정하려 하면 위치가 불확정해진다. 불확정성의 원리의 기본적인 성격은 입자성을 특징짓는 위치의 확정성과 파동성을 특징짓는 파장의 확정성은 서로 제약을 받고 입자성과 파동성이 서로 공존한다는 것이다. 이런 특징 때문에 양자 이론은 현재 상태를 완벽하게 알고 있더라도 미래에 대해서는 오직 확률적 예측만 가능하다고 보고 있다. 1927년 하이젠베르크에 의해서 이런 불확정성의 원리가 정식화되었으며, 하이젠베르크의 불확정성의 원리라고도 한다.

불확정성의 원리를 제안한 베르너 하이젠베르크
(Werner Heisenberg, 1901~1976)

● 수학으로 생각하면 세상을 보는 시야가 넓어진다

좀 더 일상생활에 가까운 예를 들어보자. 우리는 택시를 합승하기도 한다. 같은 방향으로 가는 두 사람이 각각 따로 탔을 때보다 합승한 순서대로 빙 둘러 돌아가는 게 싸다면 그렇게 한다. 문제는 요금을 어떻게 나누느냐이다. 두 사람일 때는 비교적 간단하다. 나온 금액을 절반씩 나누어 내면 된다. 그러나 3명이 되는 순간 문제는 복잡해진다.

자세한 설명은 6장에서 하겠지만 이 문제를 해결하려면 초등수학에 나오는 집합 계산을 알아야 한다. 집합 계산이란 '축구부'와 '야구부' 그리고 '적어도 어느 한쪽에 소속된 학생'을 제시하고 거기서 '양쪽에 모두 속하는 학생'을 가려내는 유형이다. 해법으로는 포함배제의 원리가 이용되는데, 이 원리는 세 사람이 합승한 택시요금을 계산할 수 있는 열쇠가 된다.

또 있다. 택시 합승에 관한 문제는 협력게임 문제로 발전시킬 수 있으며 이익 분배는 물론, 선거에서 나타나는 정당의 역학관계까지 풀 수 있는 강력한 도구가 된다.

살펴본 바와 같이 초등수학의 산술적 사고와 문제를 해결하는 방식은 일상생활이나 인간관계, 인생 경험에서 비롯된 다양한 관점이 축적된 것이다. 따라서 초등수학의 소박한 관점, 원시적인 아이디어를 이해한다면 일상생활과 인생은 훨씬 풍요롭고 여유로워질 수 있다. 중고등학교에서 배우는 수학의 '보편적 조작성'은 노력과 시간을 절약할 수 있는 효율성, 생각의 오류나 비약을 막는 '엄밀성'을 가질지 모른다. 그러나 세상을 바라보는 즐거움을 맛보게 하는 것은 오히려 초등학생들이 수학 문제를 풀 때 적용하는 '개별적 사고' 그리고 산술적 사고라고 할 수 있다.

지금까지 초등학교 수학의 특성에 대해 대략적으로 살펴보았다. 다음 장부터는 초등수학의 발상으로 이해할 수 있는 놀라운 세계가 구체적으로 펼쳐진다. 이 책을 읽는 독자 여러분이 초등수학의 산술적 사고가 주는 흥미로움과 즐거움을 맘껏 느끼고 수학을 새로운 눈으로 바라보길 간절히 바란다.

제1장

유연한 사고로 세상을 읽는다
상대성 이론에서 빅뱅론까지

수학으로 생각한다

형과 동생은 언제, 어디서 만날까?

여는 글에서도 말했지만 1장에서는 '속력·거리·시간에 관한 문제'를 생각해보자. 초등학교 수학책에서 쉽게 발견할 수 있는 아주 전형적인 문제 유형은 다음과 같다.

문제   동생이 집을 출발한 지 9분 후에 형이 동생을 따라 나섰다. 동생은 매분 80m의 속도로 걷고, 형은 매분 200m의 속도로 자전거를 타고 따라간다. 형이 동생과 만난 것은 집에서 몇 m 떨어진 지점일까?

'속력·거리·시간 문제'는 이렇게 한쪽에서 다른 쪽을 따라갈 때, 두 사람이 '언제', '어디서' 만나는지 구하는 유형이다. 푸는 방법은 아주 간단해서 한 번 이해하고나면 어려울 것도 잊어버릴 일도 없다. 핵심은 두 사람 각자의 움직임이 아니라 '두 사람의 간격'이 시간에 따라 어떻게 변화하는지 주목하는 데 있다.

해답 형이 출발할 때, 동생은 이미 집에서 80×9=720m 떨어진 지점에 있다. 이것이 형이 출발한 시점에서 본 두 사람의 '간격'이다. 동생이 1분에 80m씩 걸어가는 동안 형은 200m씩 달려가므로 두 사람의 거리는 1분에 200-80=120m씩 좁혀진다. 따라서 형이 출발할 때 벌어져 있던 거리 720m를 따라잡으려면 720÷120=6분이 걸린다. 그 사이에 형은 200×6=1200m씩 달려가므로 둘이 만나는 지점은 집에서 1200m 떨어진 곳이다.

해법은 이렇다. 흔히 접하는 문제이니 초등학교 때 배웠던 기억이 나는 사람도 있으리라 짐작한다. 여기에서는 시간이 지남에 따라 형과 동생의 '간격'이 줄어들어 완전히 차이가 없어질 때까지 걸리는 시간을 나눗셈으로 구했다. 그러나 이 발상은 시각을 바꾸면 순식간에 물리학 분야의 중요한 발상으로 바뀐다.

●
자신이 멈추어 있다고 가정하면…

 자신이 멈추고 있다고 가정하고 상대의 이동을 다시 관찰해보자(물론 자신은 자전거를 타고 움직이고 있다). 그러면 자신이 상대편을 따라가고 있는데도 상대가 자신에게 다가오는 것처럼 보인다. 이때 상대편의 이동속도는 실제 이동속도에서 자신의 이동속도를 뺀 것이다. 이렇게 '늘 자신을 기점으로 본' 상대의 운동 속도를 '상대속도'라고 한다. 사실은 자신도 함께 움직이고 있으므로 상대속도란 픽션에 불과하다. 그러므로 이 문제도 '픽션으로 시각을 바꾸면' 쉽게 풀 수 있는 구조가 된다.

상대운동과 상대속도

이해하기 쉽게 한밤중에 어떤 불빛도 없는 곳을 지나가는 기차에 타고 있다고 상상해보자. 기차의 속도는 시속 100km라 가정하자. 그 기차는 최첨단 기술이 집적된 기차로 그 기차에 타고 있으면 기차가 움직이고 있다는 것조차 느끼지 못한다. 그렇다면 기차가 움직이고 있음에도 마치 움직이지 않는 것처럼 생각될 것이다. (자신이 멈추고 있다고 가정하는 것과 같다) 밖은 암흑이고 소음이나 레일의 상태 그 어느 것도 자신이 운동을 하고 있다고 생각할 만한 근거가 없다. 그렇다면 먼 곳에 있는 불빛은 자신이 탄 기차가 그쪽을 향해 달려가고 있음에도 마치 불빛이 자신에게 달려오는 것처럼 느껴질 것이다. 기차에 탄 사람의 입장에서는 불빛이 100km 속도로 달려오고 있다고 생각할 것이고, 불빛의 입장에서는 기차가 100km 속도로 달려오고 있다고 볼 것이다. 이 두 주장은 모두 옳은 주장이다. 여기서 알 수 있는 것은 운동은 상대적이라는 점이다. 이후에 상대성 이론이나 도플러 효과 등 매우 중요한 과학적 법칙의 이해를 위해서 꼭 알아두어야 한다.

기계적인 계산에서 벗어나 상상력을 발휘해보자

'속력 · 거리 · 시간에 관한 문제'를 방정식을 공부한 중학생이 푼다면 다음과 같이 1차 방정식을 이용할 것이다.

형이 출발한 지 x분 후 두 사람이 집에서 떨어진 거리를 계산한다. 우선 형이 출발할 때, 동생은 집에서 $80 \times 9 = 720$m 떨어진 지점에서 분속 80m로 계속 걷고 있으므로($80x$), $720 + 80x$만큼 멀리 있다. 한편 형은 분속 200m로 달려 $200x$만큼 집에서 떨어져 있다. 형이 동생과 만나는 시간이 x라면 $720 + 80x$와 $200x$는 같은 지점이 된다. 따라서 형이 동생과 만나는 시간을 구하려면 다음의 방정식

$720 + 80x = 200x$ ······ ①

을 풀면 된다. 우선 $80x$를 왼쪽에서 오른쪽으로 이항한다.

$720 = 200x - 80x$ ······ ②

다음으로 동류항인 $200x$와 $80x$를 정리한다.

$720 = (200-80)x$ ······ ③

$720 = 120x$ ······ ④

마지막으로 두 변을 120으로 나누면 된다.

$x = 720 \div 120 = 6$ ······ ⑤

따라서 $x = 6$. 형과 동생은 6분 후에 만난다. 만나는 곳은 $200 \times 6 = 1200$m 지점이다.

이 해법에는 어떤 의미가 있을까. 풀이 과정을 초등학교 수학에서 풀었던 방식과 비교해보자. 그렇다. 관찰력이 뛰어난 독자라면 다음의 사실을 눈치 챘을 것이다. 사실은 이 방식은 '속력·거리·시간 문제'를 푸는 초등수학의 해법과 같은 방식의 계산이다.

주목할 것은 ③과 ④의 과정이다. 확실히 여기에는 초등학교 수학에서 문제를 계산할 때 나왔던 '형이 봤을 때 동생이 가까워지는 상대속도', 그러니까 200-80이 그대로 쓰였다. 게다가 ⑤에서도 '처음 벌어져 있던 간격을 상대속도로 나눈' 초등수학의 계산 과정이 그대로 나타난다. 이것을 보고 초등학생과 중학생의 문제 해결법에 별반 차이가 없다고 생각할 것이다.

그러나 이것은 '두 가지 해법을 비교하여 알아낸' 사실이다. 실제로 ①~⑤의 1차 방정식 해법만 봐도 여기에 '상대속도에 의한 나눗셈'이 나타나고 있음을 알 수 있다. 즉 방정식을 사용하지 않는 초등수학의 발상법을 알고 있기에 깨달을 수 있는 내용이다.

실제로 1차 방정식 해법에 상대속도가 나타나는 것은 단순한 우연이다. ①에서 ②로 넘어가는 과정에서 '$80x$를 이항'하여 변형시킨 이유는 상대속도를 구하기 위한 게 아니다. '미지의 x를 포함한 항이 여러 개일 경우 x를 구할 수 없기 때문에 x항을 줄여 1로 만들기 위해' 이항을 한다. 같은 변(이 경우는 오른쪽)에 있다면 '동류항 계산'에 의해 x를

1로 정리할 수 있기 때문이다. 이것은 단순한 '방정식을 푸는 테크닉'에 불과하다. 이 테크닉은 상대속도라는 픽션을 이용하는, 다시 말해 머리를 유연하게 하는 방식과는 거리가 먼 '기계적 조작' 가운데 하나일 뿐이다.

●
수식의 조작은 '유연한 두뇌'를 불필요하게 만든다

1차 방정식으로 푼 '기계적 조작'에도 '속력·거리·시간 문제'와 같은 발상이 숨어 있음을 알 수 있다. 즉 '속력·거리·시간 문제'의 발상에는 단순히 문제를 해결하기 위한 방법을 뛰어넘는 보편적인 시각이 담겨있다. 거창하게 말하면 철학이다. 수학이나 물리학, 그 밖의 수리과학에는 과학적 발상으로 표현되는 독특한 사고법이 있다. 그것을 흔히 '분석적 사고', 혹은 '유연한 두뇌'라고 부른다.

분석적 사고는 단순하고 원시적인 발상법으로 수리과학적 발상의 기반이 되기는 하지만 대체로 '수식을 조작하는 기계적 계산'에 머무르고 마는 것이 현실이다. 예를 들면 '상대속도'라는 분석적 사고는 이항과 동류항의 차이라는 기계적 조작으로 치환되어 버린다. 이것은 수식으로 조작하는 방법의 장점이자 단점이다. 수식으로 조작하는 방법은 '유연한 두뇌'란 것을 불필요하게 만든다. 힘들게 머리를 쓰지 않아도 정해진 절차대로 풀면 결과가 나온다. 이것이 장점이다. 그러나 반대로 우주의 본질을 탐구하기 위한 분석적 사고를 감추어버리는 단점도 갖고 있다.

●
코사크 기병의 산양 사냥

말이 나온 김에 '속력·거리·시간 문제'를 응용한 최고 난이도의 문제를 소개한다. 유리 체르냐크Yuri B. Chernyak와 로버트 로즈Robert M. Rose의 『민스크의 닭』이라는 책에 나오는 특이한 문제이다. 이 책은 MIT에서 교육 프로그램으로 사용하는 문제를 정리한 문제집인데, 과거 소련에서 연구해온 전통적인 문제란 점은 역사의 아이러니를 느끼게 한다.

- 문제 - 코사크 기병의 중요한 군사 훈련 가운데 밧줄을 올가미처럼 만들어 동물을 사로잡는 훈련이 있다. 이 훈련을 익혀 동물을 포획한다.(인간을 잡는 경우도 있다!) 훈련은 공산당이 관리하기 때문에 철저하게 통제된다. 여기서 그림을 보자.
기병(A)은 당서기의 명령에 따라 현재 대기중인 길에서 절대 벗어날 수 없다. 이 길은 곧게 뻗어있으며 기병의 말은 일정한 속도로 달린다.(말도 당의 일원이다.) 기병은 이 길과 직교하는 길로 도망가는 산양(B)을 발견한다. 이 산양도 예전에는 당의 일원이었으므로 일정한 속도로 달린다. 그렇다면 기병에게 필요한 밧줄 길이는 어느 정도인가? 기병과 산양의 최단거리를 구하라.

단, 기병이 A지점에서 출발한 속도를 u, 산양이 B지점에서 출발한 속도를 v라 한다.

지금 시각에서 보면 수학 문제가 철저하게 공산주의로 채색된 느낌이 들어 실소를 자아낸다. 이제는 역사적 존재감마저 희미한 공산당, 당서기 같은 어휘들이 이 책에서는 시종 등장한다. 과거 공산주의 국가였던 소비에트의 사상이 들어가 있는 생경한 용어나 정치적 냄새를 없애고 문제를 정리하면 다음과 같을 것이다.

문제 직사각형 ABCD에서 AB=3, BC=4이다. 현재 P와 Q는 동시에 각각 A지점과 B지점을 출발해 P는 AB에서 B를 향해, Q는 BC에서 C를 향해 일정한 속도로 달려 1분 후 각각 B와 C에 도착했다. P와 Q가 가장 가까워졌을 때 PQ의 거리는 얼마인가.

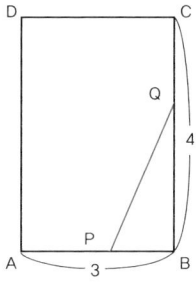

　이 문제는 두 길의 교차점이 직각을 이룬다는 조건 아래 코사크 기병과 산양을 점 P와 Q로 바꿔 구체적인 속도를 제시했을 뿐, 본질은 코사크 기병 문제와 같다. 『민스크의 닭』에 소개된 비법을 살펴보자. 물론 '속력·거리·시간 문제'의 원리인 '상대속도'를 이용한다.

　A에서 B를 향해 가는 방향을 동쪽, B에서 C를 향해 가는 방향을 북이라 하자. 현재 P는 동쪽으로 분속 3, Q는 북쪽을 향해 분속 4로 이동하고 있다. 이제 P가 되어 '자신은 움직이지 않는다'고 가정하고 Q의 움직임이 어떻게 보이는지 생각해보자. Q는 북쪽으로 분속 4로 이동하는 한편, P를 향해(서쪽으로) 분속 3으로 다가오고 있으므로 P에게는 〈그림 1-1〉과 같이 두꺼운 화살표 방향(북서방향)을 향해 분속 5로 이동하는 것처럼 보인다.

　이것이 상대속도다. (피타고라스의 정리가 나왔지만, 초등학생도 길이 3, 4, 5인 직각삼각형은 알고 있으므로 그대로 넘어가자.) 따라서 P에게 Q의 움직임은 가로 3, 세로 4인 직사각

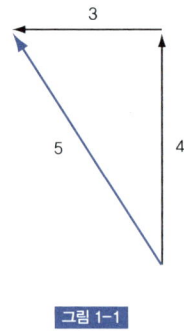
그림 1-1

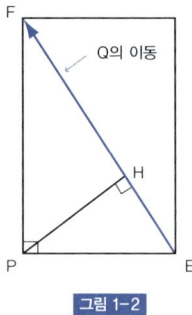
그림 1-2

형에서 대각선 E에서 F를 향해 이동하는 것처럼 보인다.(《그림 1-2》)

그러므로 P와 Q가 가장 가까워지는 것은 P에서 EF로 내려 그은 수직선 H에 Q가 왔을 때이다. 이때의 거리 PH는 삼각형 HEP가 삼각형 PEF와 닮음이라는 점, PE : PH = 5 : 4를 이용하면,

$PH = PE \times \frac{4}{5} = 3 \times \frac{4}{5} = \frac{12}{5}$ 이다.

기병 문제는 이제 사라진 구소련의 국민이 되었다고 생각하고 각자 풀어보자.

●

산술적 사고에서 물리학으로

다시 말하면 '속력·거리·시간 문제'의 발상은 '자신은 움직이지 않는다'는 가정 아래 자신을 세상의 중심에 두고 상대의 이동속도를 상대속도로 보는 관점이다. 이 발상은 '두 사람이 움직이는 문제'를 '한 사람만 움직이는 문제'로 바꿔 답을 구하는 데 드는 노력을 확실히 줄여준다. 그러나 상대속도가 유용한 것은 이 때문만이 아니다. 사실 상대속도는 앞서 언급했듯 물리학 분야에서 매우 중요한 발상이다. 다시 말하면 상대속도를 비롯한 '상대적 시각'은 물리학 발전에서 빼놓을 수 없는 사고법이다.

예를 들면 지구에서는 지구를 중심으로 천체가 회전운동을 하는 것처럼 보인다. 이것이 진실인지 여부를 둘러싼 논의는 오랫동안 계속되어 왔다. 우리가 보는 천체운동은 '지구가 정지해 있다고 가정'했을 경우의 상대운동에 불과하다. 사실은 '지구가 움직이고 있다'고 해야 옳다. 이것은 여러분도 잘 알고 있는 '태양중심설'과 '지구중심설'의 치열한 논쟁으로 발전했고 지구중심설을 주장해 화를 입는 사람이 있을 정도로 '위험한 문제'였다. 물리학에서 이러한 '상대성'의 문제는 천문학뿐 아니라 물리학 전체를 이해할 수 있을 만큼 중요한 시각으로, 이른바 '사상'에 해당한다. 그 다양한 이야기를 순서대로 설명해보자.

● 물리학자 도플러의 발견

물리학에서 '상대운동'이나 '상대속도'가 위력을 발휘한

오스트리아의 물리학자 도플러 (C. J. Doppler, 1803~1853)는 파동의 근원과 관측자의 상대운동이 가져오는 도플러 효과를 지적한 것으로 유명하다.

대표적인 예로 '도플러 효과'를 살펴보자. 구급차처럼 소리를 내는 운동체가 다가왔다가 멀어질 때 사이렌의 음정이 다르게 들린다는 점은 잘 알고 있을 것이다. 구급차가 지나간 직후에는 음정이 낮아진다. 이렇게 이동하는 음원에서 나오는 소리(음정)가 다르게 들리는 현상을 '도플러 효과'라 한다. 이 현상은 물리학자 도플러에 의해 검증되었다.

왜 이런 현상이 일어나는지 간단히 살펴보자. 알다시피 '음'이란 '공기가 진동하는' 현상이다. 기체인 공기가 앞뒤로 수축·팽창하는 작용이 사방으로 전해지면, 그 공기의 수축과 팽창이 마지막으로 고막을 흔들어(큰 북의 가죽면이 흔들리는 장면을 상상해보자) 소리로 인지된다. 즉 소리는 공기 중에서 초속 343m(기온 20℃일 때)로 전달되는데 이것은 대개 분속으로 환산하면 20km 정도다.

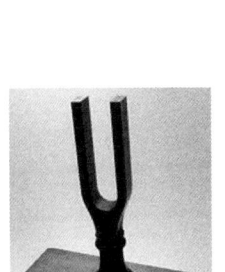

소리굽쇠는 특정 진동수(주파수)의 음만을 내도록 고안된다.

이때 소리에서 나는 '음정'은 진동수, 즉 1초 동안 몇 번 흔들리는가에 따라 결정된다. 예를 들어 1초 동안 440번 흔들리면 '라' 음이 된다.('라'는 440헤르츠이며 이것이 소리굽쇠로 음을 조율하는 기준점이 된다는 사실은 음악을 하는 사람에게는 상식이다.) 진동수가 많을수록 높은 음으로, 적을수록 낮은 음으로 들린다. 이와 같은 사실을 이해하고 구급차가 지나갈 때 음정이 다르게 들리는 이유를 '속력·거리·시간 문제'의 관점에서 간략하게 살펴보자.

사이렌 소리가 다르게 들리는 이유

당신이 어느 한 곳에 정지해 있다고 가정한다. 또 문제를 단순하게 만들기 위해 사이렌 음정은 440헤르츠(1분 동안 60초×440번 진동한다)라고 하자. 가장 먼저 구급차가 멈춘 상태에서 사이렌이 울릴 경우를 생각해보자. 이때는 공기 중에서 1분 동안 60×440번 진동한 음이 분속 20km로 들릴 것이다. 이 진동은 고막을 1분 동안 60×440번 진동시키므로 당신에게는 440헤르츠의 음이 그대로 들린다. 이것이 일반적인 상황이다.

그럼 구급차가 당신을 향해 분속 1km(시속 60km)로 다가오며 440헤르츠의 소리를 낸다면 어떻게 될까? 공기 중에서 음이 전달되는 속도는 틀림없이 분속 20km이므로 아무런 변화가 없을 것 같지만 실은 그렇지 않다. 다음과 같이 생각해보자.

구급차 사이렌 소리가 1분 동안에 내는 진동(60×440번)은 어떻게 전달될까? 첫 번째 진동이 당신에게 전해진 후 60×440번째 진동이 발사되기까지는 1분이 걸린다.

이 1분 동안 첫 번째 진동은 그것이 발사된 지점에서 20km(음의 분속)만큼 당신에게 가까이 와 있을 것이다. (음은 사방으로 확산되지만 당신에게 다가오는 음만 생각하기로 한다.) 그런데 구급차도 1분 동안 (첫 번째 진동을 쫓아) 1km로

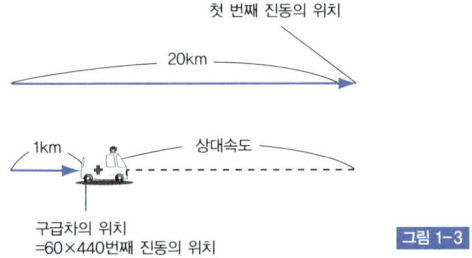

그림 1-3

진행하고 있으므로 60×440번째 진동이 발사된 지점은 첫 번째 진동이 발사된 지점보다 20-1=19km 후방이다.(〈그림 1-3〉)

여기에 상대속도가 나타난다는 것은 알고 있는 대로다. 구급차가 정지한 경우에는 단순히 소리의 속도(1분 동안 전진한 거리)에 대해 60×440번 진동이 전달되지만, 구급차가 달릴 경우에는 구급차에서 본 소리의 상대속도에 따라 다르게 전달된다.

이 60×440개의 진동은 모두 (음속) 분속 20km로 전달된다. 춤을 추며 행진하는 60×440명이 만들어내는 19km의 대열을 상상하면 이해하기 쉽다. 대열에 속한 사람이 각각 한 개의 진동을 의미한다. 따라서 당신에게 이 대열의 선두가 도착해 마지막 사람이 통과할 때까지 사이렌 소리가 들린다고 볼 수 있다. 60×440명이 만들어내는 19km의 대열이 당신이 있는 곳을 지나가는 데에는 1분이 안 걸린다. 1분 동안에 분속에 해당하는 20km의 대열이 지나갈 수

움직이는 구급자의 사이렌 소리는 듣는 사람의 위치에 따라 음이 다르게 들린다는 것이 도플러 효과의 핵심이다.

있기 때문이다.

　이것이 구급차가 정지한 경우와 근본적으로 다른 점이다. 이 대열의 속도는 20km/분이므로 1분 동안은 60×440명보다 많은 60×440×(20/19)명이 통과하게 된다. 즉 당신의 귀에 1분 동안 전달되는 진동은 60×440회가 아니라, 60×440×(20/19) = 약 60×463회이다. 즉, 1초 동안 약 463회 진동하므로 당신의 귀에서 인식하는 사이렌 소리(음정)는 약 463헤르츠다. 이것은 분명 440헤르츠보다 큰 수이므로 당신에게는 '라' 음보다 높은 소리로 들린다.

●
도플러 효과와 상대속도

　이렇게 살펴본 도플러 효과의 원리를 다시 한 번 '상대속도'의 관점에서 정리해보자. 구급차가 멈추어 있든 움직이고 있든 1초 동안 440회의 진동을 공기 중에 방출한다는 사실에는 변함이 없다. 그러나 구급차가 분속 vkm로 당신에게 다가올 때 '만일 구급차가 정지한다고 가정'하면 발사된 소리의 상대속도는 1분에 20+vkm의 속도를 가지게 되고 이때 구급차에서 발사된 '분속 20+vkm의 소리는 변함없이 60×440회의 진동을 방출한다.' 그런데 이 소리는 정지해 있는 당신에게 분속 20km로 전달되므로 '구급차는 공기 중에서 1분 동안 60×440회보다 많은 진동을 방출'하는 것처럼 관측된다.

이것을 이해했다면 반대로 구급차가 사라지는 경우도 계산해볼 수 있다. 분속 vkm로 멀어지는 구급차에서 당신을 향해 다가오는 소리의 상대속도는 20+vkm이므로 들리는 음정은 20/(20+vkm)배가 되어 실제 440헤르츠보다 낮은 음이 된다. 이런 음정 변화는 반대의 경우에도 나타난다. 예를 들면 구급차가 멈춰선 상태에서 사이렌이 울리고 당신이 자동차를 타고 이동하는 경우다. 즉 음원이 정지해 있고 관측자가 이동하는 경우에도 도플러 효과가 나타난다는 사실은 쉽게 추리할 수 있다.

이러한 음정 변화 현상을 처음으로 검증한 것은 앞서 말한 물리학자 도플러다. 그는 1842년에 음정 변화에 관한 계산식을 발견했고 2년 후 네덜란드에서 독특한 실험을 하여 이를 증명했다. 도플러는 기관차가 화물차를 끌게 한 뒤, 속도를 바꾸어가며 여러 번 실험을 반복했다. 재미있는 점은 화물차 위에서 트럼펫 연주자가 트럼펫을 불었다는 사실이다. 그리고 정확한 음정을 가려낼 수 있는 음악가가 한 지점에 서서 기관차가 다가오거나 멀어질 때마다 음정을 듣고 소리의 높낮이를 기록했다고 한다. 이 실험에 의해 도플러 공식은 완벽하게 증명되었다.

당시만 해도 음정을 정확하게 측정할 기계가 없어서 사람의 귀에 의지할 수밖에 없었다는데, 미세한 음정 변화까지 정확히 가려낼 수 있는 음악가의 '절대음감'이란 얼마나 대단한지 새삼 놀라지 않을 수 없다.

● 빛의 도플러 효과와 우주의 팽창

신기하게도 도플러 효과는 '빛'에도 적용된다. 빛이란 '물리공간에 전자파의 진동이 전달되는' 현상으로 그런 의미에서 소리와 같은 현상이라 해도 좋을 듯하다(단, 소리는 공기 등의 '매질媒質, medium을 전달하는 데 비해 빛에는 '매질'이라는 게 없다. 따라서 빛과 소리는 물리적으로 성질이 다르다).

빛의 진동수 차이는 '색'으로 나타난다. 도플러는 '빛의 도플러 효과'에 대해서도 연구했는데 안타깝게도 옳은 결론을 내지 못했던 것 같다. 이 연구

매질
힘이나 파동 등의 물리적 작용을 전달하는 매개물을 매질이라고 한다. 예를 들면 음파를 전하는 공기나 빛 또는 전자파를 전하는 진공 등이 있다. 19세기 중엽에는 빛의 본질이 진공을 채우는 탄성 매질, 즉 에테르 속에서 전파되는 횡파로 간주했다. 따라서 에테르의 물리적 실재성을 둘러싸고 실험적·이론적 연구가 19세기 후반에서 말기에 걸쳐 전격적으로 행해졌다. 하지만 아인슈타인은 이 에테르를 부정하였고, 여기서 특수상대성이론의 바탕이 된 광속도 불변의 원리가 나온다.

빛의 도플러 효과에 대해 연구한 물리학자 아르망 피조
(Armand Fizeau, 1819~1896)

는 몇 년 후, 아르망 피조라는 물리학자가 해결했다.

물체가 다가오면서 빛을 낼 때는 소리의 도플러 현상과 마찬가지로 진동수가 많아져(파장이 짧아진다는 것을 의미한다), 본래의 색보다 '파랗게' 관측된다. 반대로 빛을 내는 물체가 멀어질 때에는 본래의 색보다 '빨갛게' 관측된다. 단, 빛의 도플러 효과가 생기는 원인은 소리의 경우와 조금 다르다. 빛의 도플러 효과는 '상대성 이론'의 효과에 의해 일어난다. 그리 상세하게 다룰 수는 없지만, 빛의 경우는 어떤 관측자에게나 같은 속도로 보이는 '광속도 불변의 원리'에 따른다. 따라서 상대속도를 생각하면 복잡해진다. 또 빛의 속도로 가까이 갈수록 시간이 점점 느려지는 '시간 지연' 효과도 파장에 영향을 준다. 그런 이유로 빛의 도플러 효과를 '속력 · 거리 · 시간 문제'의 관점에서 설명하는 것은 포기하고, 그것이 우주에 대한 뜻밖의 깨달음을 주었다는 점만 설명하기로 하자.

천체를 관측한 결과 다양한 천체에서 빛의 도플러 효과가 확인되었다. 즉 천체의 위치가 대체로 본래 위치보다 '붉은 쪽'으로 옮겨져 있는 것이 관측되었다. 왜 그럴까? 이것은 '지구에서 봤을 때 빛을 내는 먼 은하들이 우리에게서 멀어지고 있음'을 의미한다. 그것이 우리에게 시사하는 바는 무엇일까?

이 현상을 발견한 에드윈 허블은 '우주는 팽창하고 있다'는 충격적인 주장을 했다. 1929년의 일이다. 우주는 크기가 유한하며 그것이 사방팔방(이라고 하면 어폐가 있지만)으로 풍선처럼 균일하게 팽창하고 있다는 내용이다. 우주 팽창설은 아인슈타인의 일반 상대성 이론에서도 가능성으로 제기되었으나 그것이 실제 천체 관측을 통해 밝혀지리라고는 그 누구도 꿈에서조차 생각하지 못했다. 실제로 아인슈타인조차 우주는 정지해 있다고 생각했다고 한다. 우주의 크기는 유한하며 현재도 팽창하고 있다는 가설에서 한 발 더 나아가면 '우주는 아주 옛날에 낟알처럼 작았을 것'이라는 이야기가 된다. 이 광대한 우주가 처음에는 낟알처럼 작았다니 이 역시 충격적인 이야기다.

미국의 천문학자로 허블의 법칙을 주장한 에드윈 허블(Edwin P. Hubble, 1889~1953)

허블은 '팽창의 속도'에 관한 법칙도 찾아냈다. '천체가 멀어지는 속도는 지구에서 천체까지의 거리에 비례한다'는 내용인데 이것은 오늘날 '허블의 법칙'이라는 유명한 물리법칙으로 널리 알려져 있다. 독자 여러분 중에는 어딘가에서 이 '빅뱅 우주론'을 들어본 사람도 많으리라 짐작한다. 빅뱅 우주란 우주 팽창설을 뜻한다. 이 대발견의 계기가 된 것이 도플러 효과이며 그 배후에 '상대속도'가 있다는 데에 놀라지 않을 수 없다.

다음 절로 넘어가기 전에 이것을 소재로 한 재미있는 이야기를 소개해보자. 교통 경찰관이 자동차를 세우고 운전자에게 다가왔다.

"빨간 신호인데 멈추지 않으셨습니다. 신호 위반으로 체포합니다."

우주는 아주 먼 옛날 낟알처럼 작았다

우주배경복사를 발견한 미국의 물리학자
아르노 펜지어스의 업적을 기념하기 위한 우표

빅뱅 vs. 정상우주론

우주의 기원과 모양에 대한 대립적인 주장으로 빅뱅이론(대폭발설)과 정상우주론이 있다. 현재는 빅뱅이론이 '표준 우주론'으로 자리잡고 있다. 빅뱅이론은 1920년대 알렉산더 프리드만(A. Freedmann) 등에 의해 제안되었는데, 프리드만은 우주는 무한대에 가까운 초고압 상태에서 격렬한 폭발의 여파로 계속 확장되고 있다고 주장했다. 빅뱅이론은 1940년대 조지 가모브(G. Gamow)에 의해 체계화되었다. 가모브는 우주공간의 배경을 이루면서 모든 방향에서 같은 강도로 들어오는 마이크로파인 우주배경복사를 예견하였는데 1965년 미국의 천체물리학자 아르노 펜지어스(A. Penzias)가 이 우주배경복사를 발견하면서 빅뱅이론이 표준 우주론으로 자리잡게 된다. 우주배경복사는 빅뱅이 고온상태에서 일어났다면, 우주 공간에 남아 있을 것으로 예상되던 일종의 열 에너지 여파와 같은 것이다. 한편 1929년 미국의 에드윈 허블은 외부은하들이 우리 은하계로부터 빠른 속도로 후퇴하고, 후퇴속도는 외부은하까지의 거리에 비례한다는 사실을 밝혔다. 거리가 100만 pc(파섹) 증가할 때마다 은하의 후퇴속도가 50~100km/s씩 증가한다는 것이다. 이는 우주가 팽창하고 있음을 의미하고, 역으로 계산하면 약 200억 년 전에는 우주가 하나의 점과 같은 상태였으며, 이 점에서 일어난 대폭발로부터 현재의 우주가 만들어진 것으로 볼 수 있다.

한편 영국의 저명한 천문학자이자 과학소설가였던 프레드 호일 등은 우주가 시간과 공간을 초월하여 언제 어디서나 같은 모습이라고 보는 정상우주론을 주장했다. 이 이론에 의하면 우주는 모든 곳에서 균일해야 하며 거시적 규모에서 변화가 없다. 따라서 우주는 항상 팽창하되 지속적으로 새로운 물질이 탄생해서 팽창에 의한 감소를 보충하고 일정한 평균 밀도를 유지한다고 주장했다. 하지만 이런 가정은 물리학의 기본 법칙인 질량과 에너지 보존 법칙에 위반되었으며, 앞의 허블이나 펜지어스의 발견에 의해 설득력을 잃게 되었다.

정상 우주론을 펼친 천문학자 프레드 호일(F. Hoyle, 1915~2001)

그러자 운전자는 이렇게 변명했다. "죄송합니다. 도플러 효과 때문에 빨간색이 파란색으로 보였어요." 그러자 경찰관은 봐주기는커녕 더욱 화를 냈다.

"지금 한 말이 사실입니까? 빨간색이 파란색으로 보일 정도의 도플러 효과가 나타났다는 건 굉장한 속도로 달려왔다는 뜻이군요. 속도위반으로 당신을 체포합니다!"

●
달리는 지하철에서 편히 앉아 있을 수 있는 이유

여러분도 이런 경험을 한 적이 있을 것이다. 멈춰 있는 지하철을 타고 옆 철로를 멍하니 바라보다가 그 지하철이 움직였다고 생각했는데, 알고 보니 자신이 탄 지하철이 움직였던 경험 말이다. 이 이야기는 두 가지 사실을 알려준다. 첫 번째는 '운동이란 늘 상대적이어서 관측할 때에는 운동하는 것이 자신인지 상대편인지 구별하기 어렵다'는 것이고, 두 번째는 '달리는 지하철 안에서는 움직이고 있다는 사실을 자각하지 못한다'는 점이다.

물론 이런 상황이 착각임은 바로 알 수 있다. 바깥 풍경 속의 나무며 집이며 반드시 정지해 있는 물체가 움직이는 듯 보이는 현상을 통해 자신이 움직이고 있다고 판단할 수 있기 때문이다. 우리가 탄 지하철이 달리고 있음을 의심하지 않는 것은 대개 창밖의 풍경을 보고 있는 경우이다. 완전히 바깥

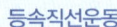

등속직선운동

물체의 속도와 운동방향이 한 개의 값으로 일정하게 유지되는 운동이다. 속력이 일정하지만 운동방향이 변하는 것은 등속직선운동이 될 수 없다. 등속직선운동을 할 때에는 가속도가 0이고, 물체에 가해지는 힘도 0이다. 또, 등속운동을 하고 있는 관찰자와 정지한 관찰자 사이에는 동일한 물리법칙이 적용된다.

풍경이 보이지 않을 때에는 지하철이 달리는지 멈추어 있는지 시각적으로 판단할 수 있는 근거가 없다. 그러나 바깥 풍경이 보이지 않아도 지하철의 움직임을 인식하는 경우도 있다. 그것은 지하철이 속도를 내거나 줄일 때이다. 그때에는 자신에게 어떤 '힘'이 작용하기 때문이다. 따라서 우리가 지하철이 달리는지 멈추어 있는지 확신할 수 없는 것은 ① 바깥 풍경이 보이지 않고 ② 지하철이 등속직선운동으로 달릴 때이다.

그럼 어째서 등속으로 달리는 교통수단에서는 주행하고 있다는 사실을 인식하지 못하는 걸까. 그건 다시 말하면 교통수단 안의 상황이 집과 전혀 다르지 않아 아무런 불편함도 느낄 수 없기 때문이다. 음료수를 흘리지 않고 마실 수 있고 휘청거리지 않고 돌아다닐 수 있으며 평상시와 다름없이 이야기도 들을 수 있다.

물리학에서는 이것을 '상대성 원리'라고 한다. 더 정확히 말하면 '등속직선운동을 하는 좌표계에서 물리의 기본법칙은 정지한 좌표계와 같다'는 내용이다. 이 법칙을 전제로 하면 '속력·거리·시간 문제'의 발상이 문제를 풀기 위한 수단이 아니라, 자연을 바라보는 가장 근원적이고 원시적인 시각이라는 점을 알 수 있다.

이 법칙을 처음으로 발견한 사람이 바로 갈릴레오 갈릴레이다. 갈릴레오가 살던 시절에는 열차나 비행기는 없었지만 배를 이용해 항해할 수 있었다. 항해를 하며 배가 안전하게 운항할 때 선상에서 누리는 생활이 육지와 다르지 않다는 점에서 갈릴레오는 이 법칙을 발견했을 것이다.

광속도 불변의 원리
1905년 아인슈타인이 제창한 특수상대성이론의 기본적 원리의 하나이다. 등속도 운동이나 정지상태의 관측자에게는 항상 빛이 같은 속도로 보인다는 원리이다. 때문에 아무리 빠르게 움직이는 물체라 할지라도 빛보다 빠를 수 없다.

그런 점에서 갈릴레오는 굉장히 뛰어난 지능의 소유자이다.

갈릴레오의 발견은 훗날 엄청난 대발견으로 이어진다. 그것은 말할 것도 없이 아인슈타인의 '상대성 이론'이다. 20세기 최고의 과학적 발견이라고 할 수 있는 상대성 이론은 갈릴레오의 '상대성 원리'에 '광속도 불변의 원리'를 결합시켜 나온 성과이다.

흔히 '상대성 이론'에 대해 이야기할 때 '광속도 불변의 원리'만 부각되는 경우가 많은데 아인슈타인의 위대함은 갈릴레오의 '상대성 이론'에 다시 주목한 점이라고 지적하는 학자도 있다.(루게릭병을 앓으면서도 우주 물리학 분야에서 획기적인 성과를 거둔 스티븐 호킹 박사 등이 그 예다)

고전역학의 기초를 닦은 아이작 뉴턴(1643~1727)

운동의 법칙

뉴턴이 1687년 『자연철학의 수학적 원리』에서 3가지로 정리해 뉴턴의 운동의 법칙이라고도 불린다. 뉴턴은 이 법칙으로 물체의 질량 및 힘에 대한 법칙을 확립해 고전역학의 기초를 닦았다.

▶ 운동의 제1법칙
이른바 관성의 법칙이라고도 한다. 관성은 물체가 현재의 운동 상태를 계속 유지하려는 성질로 정의될 수 있는데, 물체의 경우 이 관성으로 인해 물체에 외부의 힘이 작용하지 않거나 물체에 작용하는 모든 힘의 합력이 0이라면 물체는 정지해 있거나 현재의 운동 상태를 계속 유지한다. 물체에 힘이 작용하지 않는 한 정지한 상태로 있거나 등속도운동을 계속한다는 것이 운동의 제1법칙이다.

▶ 운동의 제2법칙
가속도의 법칙이라고도 한다. 운동의 제2법칙은 물체에 힘이 가해졌을 때 물체의 운동 상태의 변화를 양적인 관계로 설명하는 법칙이다. 물체의 운동 상태의 변화인 가속도는 힘에 의해서 생기며 이는 물체에 가해지는 힘의 크기와 질량의 크기에 관계된다. 물체에 가해지는 힘의 크기가 일정할 때 물체의 가속도는 질량과 반비례하고, 물체의 질량이 일정할 때 물체의 가속도는 가해지는 힘과 비례한다. 따라서 다음과 같은 식이 성립한다.
가속도(a)=힘(F)/질량(m) 또는 힘(F)=질량(m)×가속도(a)

▶ 운동의 제3법칙
작용·반작용의 법칙이라고도 한다. 물체에 작용하는 힘은 항상 다른 물체와의 상호작용의 결과이므로 항상 쌍을 이룬다. 두 물체가 상호작용할 때 언제나 두 물체 각각이 서로에게 작용하는 두 힘의 크기는 같고 방향은 반대가 된다는 법칙이다.

상대성 원리로 해석하는 운동량 보존의 법칙

아인슈타인의 발견을 살펴보았는데 '상대성 원리'는 그 밖의 다양한 물리법칙을 이끌어냈다. 예를 들면 '관성의 법칙'이 있다. 관성의 법칙이란 '외부로부터 힘이 작용하지 않는 한 정지한 물체의 운동 상태는 변하지 않으며 등속직선운동을 하는 물체 역시 계속 등속직선운동을 한다'는 내용이다. 관성의 법칙을 발견한 사람도 갈릴레오인데 이 법칙은 '상대성 원리'에서 간단히 도출할 수 있다.

우선 외부로부터 힘이 작용하지 않는 한 정지한 물체 A는 스스로 움직이지 않는다는 사실은 경험을 통해 알고 있을 것이다. 이 물체 A를 속도 v로 등속직선운동하고 있는 좌표 B에서 관측하면 어떻게 보일까? 당연히 물체 A는 속도 v로 B지점과 반대방향으로 등속직선운동하는 것처럼 보인다. '상대성 원리'를 인정한다면 정지한 지점과 등속직선운동을 하는 지점 B에서 물체 A에 적용되는 물리법칙이 동일하다. 따라서 B에서 봤을 때 등속직선운동하는 물체 A는 외부에서 특별한 힘이 가해지지 않는 한 영원히 같은 속도로 직선운동을 계속한다.

갈릴레오가 살던 시절에는 실험기술이 오늘날처럼 정교하지 않았기 때문에 마찰을 배제하거나 무중력 상태를 만들 수는 없었다. 어떤 운동이든 마찰에 의해 정지하므로

'영원히 계속 운동하는 물체'를 생각해내는 것조차 지난한 작업이었으리라.

다시 상대성 원리에서 또 하나의 중요한 법칙을 도출해보자. 다음과 같은 '속력·거리·시간의 문제'를 생각해보자.

'질량(무게: x)과 형태가 같은 물체 A와 B가 각각 속도 u, v로 오른쪽을 향해 일직선으로 비행하다가 가까워져 충돌한 후 하나의 물체 C가 되었다. 이때 물체 C의 속도는 얼마인가'

물리학을 잘 모르는 사람에게 실마리가 보이지 않는 것은 당연하다. 그러나 물리학을 알고 있다고 하더라도 역학을 사용하지 않고 이 답을 구할 수 있는 사람은 많지 않으리라고 본다. 여기에서는 상대성 이론으로 문제를 해결하고자 한다.

상대성 원리를 사용하는 데 가장 적합한 좌표계를 가져와 물체의 운동을 관측해보자. 그것은 물체 A와 물체 B가 같은 속도로 서로 마주보고 비행하는 것처럼 보이는 좌표계다. 당신은 운동하는 관측자로서 A, B와 같은 방향으로 속도 V로 운동하고 있다.(〈그림 1-4〉)

V는 u와 v의 평균 속도$(u+v)\div 2$로 보면 된다. 실제로 당신이 관측한 물체 A의 상대속도는 $u-V=(u-v)\div 2$, 물체 B의 상대속도는 $v-V=-(u-v)\div 2$이다. 따라서 당신이 관측하면 물체 A와 물체 B는 서로 마주보며 같은 속도로 접근해

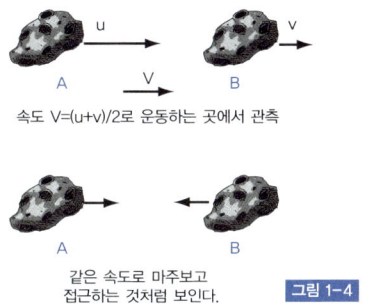

속도 V=(u+v)/2로 운동하는 곳에서 관측

같은 속도로 마주보고
접근하는 것처럼 보인다.

그림 1-4

충돌하여 하나의 물체 C가 되는 것처럼 보인다. 충돌 후의 물체 C의 운동은 어떻게 될까? 그렇다. '정지한다'고 생각하는 게 당연하다. 완전히 모양과 질량이 같은 물체가 같은 속도로 부딪혔으므로 왼쪽이든 오른쪽이든 아무리 움직이려 해도 대칭성과 반대되기 때문이다. 따라서 충돌 후의 물체는 당신이 보았을 때 속도 0이 된다는 것을 알 수 있다.

이것을 본래의 좌표계로 돌아가 다시 생각해보자. 속도 $V=(u+v)\div 2$로 운동하는 당신이 관측했을 때, 속도 0으로 보인다는 것은 본래의 좌표계(물체 A와 물체 B가 속도 u, v로 운동하고 있을 때 관측할 수 있는 좌표계)에서 물체 C의 속도는 $(u+v)\div 2$가 된다는 뜻이다. 이렇게 문제가 해결되었다.

위와 같은 결과는 다음과 같이 정리할 수 있다.

'질량 x이고 속도 u인 물체 A와 질량 x이고 속도 v인 물체 B가 충돌하여 하나가 되면 질량 $2x$, 속도 $V=(u+v)\div 2$인 물체 C가 된다'

충돌 전의 '질량×속도'의 합과 충돌 후의 합을 비교하기 위해 두 경우의 차이를 구해보면, $(x \times u + x \times v) - 2x \times V = x(u+v) - \frac{2x(u+v)}{2} = 0$이 되어 양쪽이 같아진다는 사실을 알 수 있다. 즉 이것은 'A의 질량' × 'A의 속도' + 'B의 질량' × 'B의 속도' = '합체 후의 질량' × '합체 후의 속도'를 의미한다. 다시 설명하면 ''질량×속도'의 합은 두 물체의 충돌 전후 아무런 변화를 일으키지 않는다'는 것으로 이것이 물리학 교과서에 나오는 '운동량 보존의 법칙'이다. 운동량 보존 법칙 속에는 이렇게 상대성 원리가 작용하고 있으며 '속력·거리·시간 문제'의 기본적인 아이디어가 숨 쉬고 있다.(질량이 같다는 가정이 걸리는 사람을 위해 설명하면 물체 A와 B의 질량이 다를 경우에도 연구하면 운동량 보존 법칙을 도출할 수 있다.)

●
인생에서 느끼는 상대성

필자는 인생을 살아가는 데에도 상대성 원리가 나타난다는 사실에 감개무량했던 적이 있다. 우리는 살면서 다양한 사람들과 만나 친해지고 의기투합을 하기도 한다. 그러나 시간이 지나면서 관계가 서먹해지거나 소원해지는 경우가 많다. 필자에게도 그런 경험이 있다. 어떤 시기에 아주 친하게 지내던 사람과 예상치 못한 일로 멀어져 헤어진 적이 몇 번 있다.

이것은 '인생관의 차이'에서 비롯된다. 그런 엇갈림은 어느 한 사람이 변했기 때문에 생기는 것이라고 느끼지만 사실 변한 것이 나인지 상대인지 알 수 없다는 게 문제이다. 상대방이 변했다고 생각하는 게 보통인데 그것은 늘 자신을 기준점에 두기 때문에 생기는 '상대적 관측'에 불과한지도 모른다. 진짜 변한 것은 자신이며 상대는 변함없이 그 자리에 있었을 수도 있다. 그러나 상대성 원리를 응용한다면 어느 쪽이 변했는지는 영원히 결론내릴 수 없다. 제3자가 '당신은 변하지 않았다' 혹은 '변했다'고 말할 수도 있지만 실은 제3자의 절대적 위치가 바뀌고 있을지도 모를 일이다.

덧붙이면 '변하지 않는' 것도 문제다. '나'는 늘 새로운 경험을 하며 새로운 인격을 만들어가는 존재다. 따라서 '나'라는 존재가 지닌 '정신의 동일성'을 어떻게 생각해야 하는가는 매우 어려운 문제다. 이것은 정신병리학 영역과 통하는 문제라 할 수 있다.

●

허블의 법칙과 상대성 원리

'속력·거리·시간 문제'에서 시작한 이 장을 마무리해보자. 여기서 다시 '허블의 법칙'으로 돌아간다. '허블의

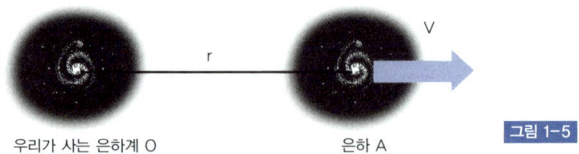

우리가 사는 은하계 O   은하 A

그림 1-5

법칙'이란 다음과 같은 우주법칙이다.

'모든 은하(별이 모여 있는 집단)는 우리 은하계에서 멀어지는 방향으로 움직이고 있으며 그 멀어지는 속도 v는 은하까지의 거리 r과 비례한다.' (〈그림 1-5〉)

좀 더 상세히 설명하면 '우리 은하계 O에서 어떤 은하 A를 관측하든 은하 A는 직선 OA를 연장한 방향, 즉 직선상의 후방으로 속도 v만큼 멀어지며, 그 속도 v는 비례상수 H에 의해 $v=Hr$로 표현할 수 있다.'

이 법칙이 우주는 유한하며 팽창하고 있다는 진실을 알려주었다는 것은 앞에서도 설명했다. 실은 이 '허블의 법칙'과 좀 전까지 설명한 '상대성 원리'를 대조해보면 다음과 같은 사실을 깨달을 수 있다.

'상대성 원리'를 다시 설명하면 '우주에서 등속직선운동을 하는 세계는 서로 상대적이어서 움직이는 쪽과 정지해 있는 쪽을 결정할 수 없다'는 내용이었다. 이 관점에서 '허블의 법칙'을 다시 보자. 허블의 법칙은 마치 우

허블상수

H는 외부은하의 팽창속도와 거리 사이의 관계를 나타내는 비례상수를 나타내며 허블상수라고도 부른다. 공간에서의 우주의 팽창률을 의미한다. 허블상수의 값은 약 77km/s/Mpc로 알려져 있다.

리가 살고 있는 지구가 '우주의 한가운데 있는' 듯한 인상을 준다. 모든 은하가 멀어지고 또 먼 은하일수록 그 거리에 비례한 속도로 멀어지기 때문이다. 그렇다면 움직이는 것은 멀리 떨어진 은하이며 우리 은하계는 멈춰 있다고 결론지을 수 있을까? 즉 먼 별에서 본 천체의 운동법칙과 지구에서 본 천체의 운동법칙에 어떤 차이가 있는지, 움직이는 것이 지구인지 다른 은하인지 확신할 수 있을까.

실제로는 이 '허블의 법칙' 조차 '상대성 이론'의 속박에서 벗어날 수 없다. 이 점을 초등학교 수학 문제에서도 자주 출제되는 '닮은꼴 삼각형'을 사용해 설명해보자.

●
닮은꼴로 푸는 우주의 수수께끼

우선 〈그림 1-6〉과 같이 우리가 사는 은하계 O에서 다른 방향으로 보이는 2개의 은하 A와 B를 생각해보자. 각각 지구로부터 a광년, b광년 떨어져 있다고 하자. AB 사이의 거리는 c광년이라고 하자. 그리고 우리 은하계 O에서 관측해 A, B가 후방으로 멀어지는 속도를 각각 x, y라고 하자. 허블의 법칙에 따르면 당연히 $x=Ha$, $y=Hb$가 된다. 이와 같은 현상을 은하계 A에서 보면 어떻게 될지 생각해보자.

〈그림 1-7〉과 같이 될 것이다. 우선 A에서 보았을 때, 은하계 O는 후방으로 멀어지는 것처럼 보인다. 바로 상대운

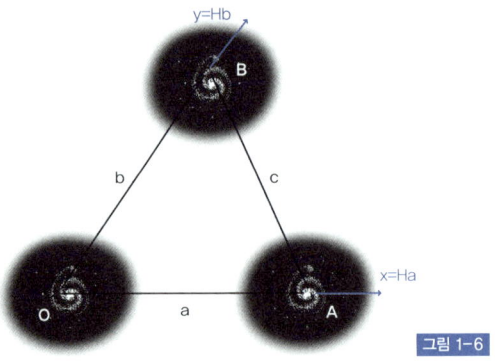

그림 1-6

동이다. 그 속도는 $x=Ha$이다. 즉 은하 A를 기준으로 할 경우 은하계 O에 대해서는 허블의 법칙이 성립된다. 당연한 사실이다.

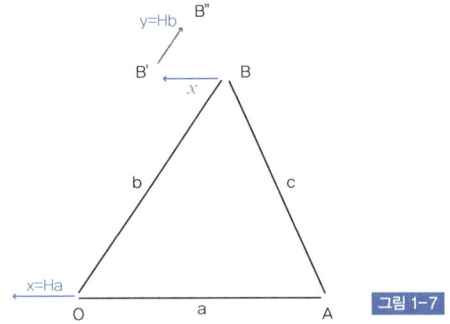

그림 1-7

그렇다면 은하 B의 운동이 어떻게 보이느냐가 관건인데 이렇게 생각해보자. 만약 B가 O에 대해 정지해 있다고 가정하면 A에서는 B도 O와 같이 속도 x로 O와 같은 방향으로 움직이는 것처럼 보일 것이다.(그림의 BB′) 그러나 실제로 B는 O에 대해서 OB방향을 향해 속도 y로 움직이고 있으므로 움직임을 관찰하려면 이 점을 고려해야 한다. 즉 은하 A에서 본 은하 B의 움직임은 은하계 O와 마찬가지로 BB′ 방향으로 움직이는 동시에 본래 멀어진 방향과 같은 B′B″의 방향으로도 움직인다.

이것을 합하면 실제로는 〈그림 1-7〉의 BB″ 방향으로 움직이는 것처럼 보이고, 이것이 은하 A에서 관측한 은하 B의 상대운동이 된다. 즉 은하 B는 은하 A에서 보면 BB″의 방향으로 이동하며 그 속도는 BB″의 길이와 일치한다. (이 시점에서 세 점 A, B, B″가 일직선이 되는지 여부는 불명확하다는 점을 기억하자.)

여기서 삼각형 B′BB″의 모양에 주목해보자. 이 삼각형은 세 개의 은하가 만들었던 본래의 삼각형 OAB와 닮음이다. 이유는 이렇다. 우선 삼각형 B′BB″의 두 변의 비는 $x:y$이므로 Ha:Hb가 되고 $a:b$가 된다. 이것은 삼각형 OAB의 두 변의 비와 같다. 따라서 두 삼각형의 두 변의 비는 같다. 게다가 B′B와 OA가 평행이며 B′B″와 OB가 평행이므로 두 변 사이의 각도 같다(즉 각 BB′B″와 각 AOB는 같다)는 것을 알 수 있다. 두 변의 비와 사이의 각이 일치하므로 삼각형 B′BB″와 삼각형 OAB는 닮은꼴이다.

이 닮은꼴은 해답의 열쇠를 쥐고 있다. 즉 닮음을 통해 각 B′BB″가 각 OAB가 같다는 것을 알 수 있고 이것은 평행선 OA와 BB′에 대한 동위각이 같다는 의미이므로 세 점

A, B, B˝는 일직선이 된다는 사실도 알 수 있다. 이것은 은하 B는 은하 A에서 보면 그야말로 일직선상의 후방으로 멀어지는 것처럼 보인다는 의미다. 또 속도에 대해서도 삼각형의 확대비가 H이므로 BB˝=Hc임을 알 수 있다. 이렇게 은하 A에서 관측한 은하 B에 대해서도 허블의 법칙이 성립된다는 것이 증명되었다.

　요약하면 허블의 법칙은 어떤 은하의 입장에서 봐도 전혀 수정할 필요가 없다. 이것은 '허블의 법칙으로 우주를 이해하는 한, 정지한 것이 우리 은하계인지 다른 은하계인지 판별할 방법이 없다'는 점을 시사한다. 안타깝게도 우리 지구가 우주의 특별한 곳에 위치한 게 아니라는 뜻이다. 허블의 법칙과 비교해 '상대성 원리'는 전혀 모순이 없는 보편성을 갖고 있다는 사실이 밝혀졌다. '상대성 원리'는 우리 우주에서 결코 깨뜨릴 수 없는 법칙인 것 같다.

　지금까지 이야기한 것을 보면 '속력·거리·시간에 관한 문제'는 광활하게 그 생각의 폭을 넓혀나갈 수 있다. 우리 은하계를 기점으로 다른 은하의 상대속도를 관측해 얻을 수 있는 허블의 법칙과, 반대로 멀리 있는 은하를 기점으로 우리 은하계나 다른 은하의 상대속도를 관측한 결과는 조금도 다르지 않다. 이것은 '속력·거리·시간의 문제'에서 비롯된 발상이 거대한 우주에서도 근본적으로 통용된다는 사실을 보여준다.

제2장

수학으로 생각하는 경제현상
파생금융상품과 외부불경제

수학으로 생각한다

수학 천재 가우스의 계산법

초등학교 수학 시간에 수학자 가우스의 이름을 들어본 적이 있으리라 생각한다. 칼 프리드리히 가우스는 18세기에서 19세기에 활동한 천재 수학자로 많은 위업을 달성했다. 특히 가우스의 어린시절에 있었던 일화는 유명하다.

'1에서 100까지 더해보시오'

곧이곧대로 수를 하나씩 더하면 시간이 꽤 걸릴 것이다. 선생님은 10분 정도 쉴 요량으로 이 문제를 냈다. 학생들은 곧이곧대로 1에 2를 더하고 거기에 3을 더하며 순서대로 계산했지만 가우스는 겨우 몇 분 만에 정답을 석판에 적어냈다.(당시, 공책은 종이가 아니라 석판이었다.) 물론 가우스가 쓴 답 5050이 정답이었음은 말할 필요도 없다.(어떤 수학사

칼 프리드리히 가우스(Karl F. Gauss, 1777~1855)

책에는 81297에서 100899까지의 합을 계산했다고 되어 있는데, 어린 가우스나 학생들에게 이런 문제를 냈을 리 없다.)

이 일을 시작으로 가우스는 일생 동안 다양한 수학적 발견을 한다. 정수나 소수의 성질을 연구하는 정수론 분야에 금자탑을 쌓았으며 현대 통계학의 기초인 최소제곱법이나 정규분포를 발견해 곡면의 구부러진 정도를 평가하는 미분기하의 창시자가 되었다.

●
수열을 거꾸로 더하는 테크닉

그렇다면 가우스가 행한 계산 방식으로 다음 식 ①의 답을 구해보자.

(구하는 값) $1+2+3+\cdots\cdots+98+99+100$ ①

이 문제를 쉽게 풀기 위해 순서를 바꿔 본다. 그것이 ②다.

(구하는 값) $100+99+98+\cdots\cdots+3+2+1$ ②

두 식 ①과 ②를 왼쪽부터 같은 순번에 있는 수끼리 더하면 모두 101이 된다.

따라서 (구하는 값의 2배) $=101+101+101+\cdots\cdots+101+101+101=101\times100=10100$

즉, (구하는 값)=10100÷2=5050

물론 가우스는 이런 계산법 이용해 순식간에 5050이라는 해답을 구했으리라. 이 계산법은 정확한 명칭이 없지만, 이 책에서는 '가우스 덧셈'이라 부르기로 한다. 어떤 사람은 '어째서 왼쪽부터 같은 순번에 있는 수끼리 더하면 모두 일정한 수(101)가 되는지' 고민하고 있으리라 생각한다. 무엇이든 그대로 믿지 않고 '정말인지' 의심하는 것은 매우 바람직한 자세다. 그런 습관이 과학적 감각을 길러주기 때문이다.

핵심은 ①에서 오른쪽으로 한 칸씩 이동하면 숫자가 1씩 커지고 ②에서 오른쪽으로 한 칸씩 이동하면 1씩 작아진다는 점이다. 따라서 ①과 ②에서 같은 순번에 있는 숫자끼리 더한 합은 모두 같다. ①에서는 1씩 늘어나고 ②에서는 1씩 줄어들기 때문이다. 따라서 처음의 합 101은 마지막까지 101이다.

이것을 그림으로 살펴보면 다음과 같다. 〈그림 2-1〉을 보자.

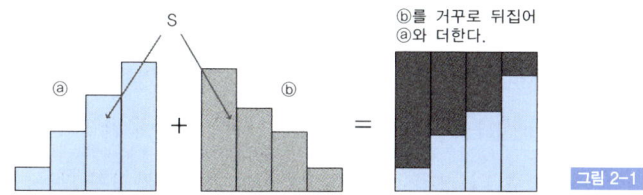

그림 2-1

①의 합은 ⓐ의 계단을 모두 더한 것, ②의 합도 ⓑ의 계단을 모두 더한 것이다. 지금 주목해야 할 것은 ⓐ와 ⓑ의 계단을 모두 더한 단의 수다. 이때 계단 ⓑ를 뒤집어 계단 ⓐ에 맞물리게 놓아보자. 그 결과 오른쪽과 같은 직사각형이 생긴다. 이제 계단의 높이는 모두 같아졌다. 즉 세로(101)와 가로(100)를 곱한 결과는 계단을 모두 더한 합의 2배이므로 그것을 2로 나누면 합 S가 된다. 이것이 '가우스 덧셈'이다.

●
210과 서로소인 자연수의 합은?

그럼 이 원리를 응용한 문제를 풀어보자.

> 문제 210과 서로소인 자연수는 모두 48개이다. 서로소인 자연수 48개의 합을 구하라.

이것은 '가우스 덧셈'을 응용한 조금 어려운 문제다. '210과 서로소인 수'는 210과 최대공약수가 1밖에 없다는 뜻이다. 즉 1 이외에 공약수를 갖지 않는 수여야 한다. 구체적으로 210의 소인수는 2, 3, 5, 7이므로 이 네 개의 소수로 나눌 수 없는 수를 찾으면 된다. 여기서 소수란 1과 자기 자신만으로 나누어지는 (1과 자신 외에 약수를 갖지 않는) 자연수를 말한다. 소인수란 약수 가운데 소수인 수를 일컫는 말이다. 작은 수부터 나열하면 1, 11, 13, 17, 19……로 1 다음의 소수만 나열해야 하므로 갑자기 아득한 느낌이 든다. 그러나 실은 소수만 나열하는 게 아니니 안심해도 된다. 121(=11×11)이나 143(=11×13) 등도 2, 3, 5, 7을 약수로 갖지 않으므로 소수는 아니지만 210과 서로소인 수이다.

그래도 어떤 규칙으로 나열해야 할지 짐작하기 어렵고 모두 더할 때 어떤 원리를 이용해야 할지 쉽게 떠오르지 않으리라 본다. 역시 여기서도 '가우스 덧셈'의 테크닉을 유용하게 쓸 수 있다.

일반적으로 자연수 N과 N보다 작은 a에 대해 N과 a가 서로소라면 N과 N−a도 서로소이다. 왜냐하면 N과 a가 모두 소수 p로 나누어진다면(즉 N과 a가 서로소가 아니라면), p의 배수끼리 뺀 수도 소수 p로 나누어지기 때문이다. 반대로 N과 N−a를 소수 p로 나눌 수 있다면, N−(N−a)=a이므로 N과 a도 공통의 소인수 p를 갖는다. 여기서 중요한 사실을 알 수 있다. 1에서 숫자가 커지는 방향으로 a번째에 있는 수 a가 N과 서로소라면 N에서 적어지는 방향

소수(prime number)
1과 자기 자신만으로 나누어지는 1보다 큰 양의 정수이다. 예를 들어 2, 3, 5, 7, 11, 13… 등은 소수이다. 4(2×2), 6(2×3), 8(2×2×2)… 등, 소수가 아닌 자연수를 합성수(合成數)라 하며, 1은 소수도 아니고 합성수도 아니다.

약수(divisor)
0이 아닌 어떤 정수를 나누어떨어지게 하는 정수이다. 정수(整數) a가 둘 이상의 정수의 곱으로 표시되어 a=b·c·d…가 될 때, b, c, d,…를 각각 a의 약수 또는 인수(因數, factor)라고 한다. 예를 들어, 12=1×12=2×6=3×4이므로 1, 2, 3, 4, 6, 12는 12의 약수이다. 공약수는 두 정수에 공통인 약수를 말하며(12와 18의 공약수는 1,2,3,6이다) 최대공약수는 공약수 중에서 최대인 수를(12와 18의 최대공약수는 6) 말한다.

소인수(prime factor)
약수 중에서 소수인 것을 말한다. 12의 소인수는 2와 3이다.

서로소
1 이외에 공약수를 갖지 않는 수를 말한다.

으로 a번째에 있는 수(N-a)도 N과 서로소이다.

여기서 210과 서로소인 정수를 작은 수부터 나열해보면 1, 11, 13, 17, ……, 209가 된다.

만일 이 예에 a라는 수가 나온다면 'N-a'도 나오기 마련이다.

따라서 이 수열을 거꾸로 나열하면 209, 199, 197, 193, …… 1 이 된다. 이 두 수열을 첫 번째 수끼리(1+209), 두 번째 수끼리(11+199) 더하다보면 모두 합은 210이 된다. 즉 '가우스 덧셈'의 원리대로 풀면

(구하는 값의 2배)=210+210+210+……+210.

따라서 구하는 합 S=210×48÷2=5040이다.

(이 '서로소인 수열'에 대해서는 6장에서도 살펴보게 되므로 꼭 기억해두기 바란다.)

●
파생금융상품에 활용되는 '가우스 덧셈'

이 '가우스 덧셈'에서 비롯된 발상은 현재 예상치 못한 곳에서 응용되고 있다. '리스크 헤지 risk hedge'라는 것이다. 여러분도 '파생금융상품 derivatives'이라는 말을 신문 경제면에서 본 적이 있으리라 생각한다. 금융 자유화의 결과 다양한 금융관련 상품이 개발되어 활발히 판매되고 있다. 파생금융상품이란 이를 일컫는 말로 기존 주식이나 채권의 가

격 변동과 연동하는 '주가지수'를 상품으로 만들어 사고파는 것이다. 이들은 주로 자산가치의 변동으로부터 보유자산을 지키는 이른바 '리스크 헤지'를 목적으로 이용된다.

예를 들어 어떤 기업이 자금 10억 원 정도를 여러 종류의 주식에 투자했다고 하자. 기업은 이 자산가치가 떨어질 위험에 항상 노출되어 있다. 왜냐하면 보유한 주식의 시장가격이 떨어지면 이미 투자한 10억 원의 자산을 날릴 수 있기 때문이다. 이런 위험(리스크)을 피할 수는 없을까? 파생금융상품을 이용하면 이런 리스크를 줄일 수 있다. 이렇게 손실의 위험을 회피hedge하는 방법을 보통 리스크 헤지라 한다.

> **선물거래와 파생금융상품**
> 매매계약을 할 때 이미 존재하는 상품을 현물이라고 하며 이를 거래하는 것을 현물거래라고 하는데, 이에 반해 계약은 지금 하지만 상품교환은 미래의 일정 시점에 이뤄지는 거래를 선물거래라고 한다. 이 때문에 선물거래에서는 가격변동에 따라 한쪽이 이득을 보고, 상대방도 손해를 볼 가능성이 높다. 이에 따라 위험을 줄이기 위해 거래조건을 바꾸는 상품이 생겼는데, 이를 파생금융상품이라 부른다. 파생금융상품은 경제 여건 변화에 민감한 금리·환율·주가 등의 장래 가격을 예상하여 만든 상품으로, 변동에 따른 위험을 소액의 투자로 사전에 방지, 위험을 최소화하는 목적에서 개발되었다. 계약 당시 거래 당사자 사이에 자금의 흐름이 일어나지 않는 것이 특징이다.

그럼 구체적인 내용을 살펴보자. 주가가 하락하더라도 자신이 보유한 자산 가치를 지키고 싶다면 10억 원어치의 '주가지수 선물'이라는 금융상품을 '매도자 포지션'에서 구입하는 게 좋다. 주가지수 선물이란 예를 들어 닛케이 평균과 같은 주가지수(평균치)를 사고파는 금융상품이다. 닛케이 평균(도쿄증권거래소 1부시장에 상장된 주식 가운데 225개 종목의 시장가격을 평균하여 산출한 일본증권시장의 대표적인 주가지수_역자주)이라는 단순한 '주가지수'를 사고판다는 것

> **주가지수 선물**
>
> 주가지수 선물은 선물거래의 하나로 증권시장에서 매매되는 전체 혹은 일부 주식의 가격 수준인 주가지수를 매매의 대상으로 한다. 주가지수선물 거래는 미래의 주식가격을 예측하여 일정한 날에 매매를 행할 것을 정해두고 주가지수를 거래한다. 우리나라에서는 1996년 5월에 주가지수 선물시장이 개설되었고 매매 대상이 되는 지수로는 증권거래소가 선정한 KOSPI 200 지수가 사용되고 있다.

이 이상하게 느껴질지 모르지만, 장래의 일정한 시점에 닛케이 평균 지수를 팔 경우, 수치가 떨어지면 주가지수를 산 사람에게 하락분의 금액을 받는 구조다. 반대로 오를 때는 자신이 지불해야 한다. 즉 닛케이 평균이라는 숫자로 도박을 하는 것과 같다.

그런데 만일 앞으로 주가가 떨어진다면 10억 원어치를 가지고 있던 현물 주식가치는 하락한 만큼 떨어져 손해가 된다. 그러나 주가지수와 현물 주식은 거의 같은 방향으로 가격 변동하므로 매도자 포지션에서 구입해둔 주가지수 선물은 주가 하락분과 거의 같은 금액을 벌어들이게 된다. 즉 현물 주식으로 손해를 보더라도 주가지수 선물로 이득을 볼 수 있어, 손실을 막을 수 있다. 반대로 지수가 오르면 주가지수 선물에서는 손해를 보지만 현물 주식의 가치가 올라 이익을 내기 때문에 실질적인 자산 가치를 지킬 수 있다.

잘 생각해보면 이 구조는 '등차수열과 순서를 바꾼 수열의 각 항의 합은 모두 같다'는 이치를 효과적으로 응용한 것으로 '가우스 덧셈'과 같은 아이디어라고 볼 수 있다. 지금까지 파생금융상품에 '가우스 덧셈'의 발상이 잠재되어 있다는 사실을 살펴보았다. 이런 리스크 헤지 이외에도 사실 경제에서는 그 밖에 다양한 영역에서 '가우스 덧셈'의 발상이 활용되고 있다.

말할 필요도 없이 경제학에서는 이익을 따진다. 이익(이나 손해)의 최적성이나 효율성을 논하는 것이 경제학의 소임이기 때문이다. 그러므로 경제학에서는 복잡한 이익을 맞춰가며 그것이 늘거나 줄거나 일정 수준으로 유지되는 것을 분석한다. 이때 가우스 덧셈은 매우 편리한 도구로 이용된다. 경제학자들은 크게 신경 쓰지 않지만 우리 주변에는 '가우스 덧셈'을 이용한 발상이 살아 숨 쉬고 있다. 2장에서는 경제학 분야에 응용된 '가우스 덧셈'에 초점을 맞춰 살펴보기로 한다.

● 자유로운 경쟁이 최적의 경제적 효율성을 만든다

'자유경쟁의 원리'는 자본주의 국가의 기본이다. 이 원칙이 유지될 수 있는 근거로 다음과 같은 경제학적인 정의를 들 수 있다.

'경제활동에서 생산자나 소비자가 이기적으로 자신의 이익을 추구하면서 시장에서 가격 거래를 하면 가장 효율적인 사회가 실현된다.'

이것은 현대 경제학을 대표하는 정리로 경제학자 레옹 발라가 최초로 증명했기 때문에 '발라의 정리'라 부른다. 경제

수학적으로 '발라의 정리'를 제창한 경제학자 레옹 발라(M. E. Walras, 1834~1910)

학자 케네스 애로 K. J. Arrow 와 제라르 드브뢰 G. Debreu 의 공동연구에 의해 발라의 정리는 일반화되었는데 지금도 그들의 결론을 어디까지 확장할 수 있을지 연구한 논문이 발표되고 있다. 그들의 연구는 '일반균형이론'이라 불리는 커다란 경제학 분야를 만들어냈다. 중요한 것은 이 주장이 '그렇게 되어야 한다'는 사상이나 주의도 아니고 '역사를 살펴보면 대체로 그렇다'는 식의 이야기도 아니라는 점이다. 어디까지나 수학의 '정리'로 증명되었다는 게 중요하다.

이 정리에는 사실 의외성이 있다. 다음과 같이 생각해보자. 여러분은 학교에서 '다른 사람을 배려하며 행동하라. 남에게 도움을 주는 사람이 되어라'는 설교를 귀에 못이 박힐 정도로 들었을 것이다. 그러나 이 정리는 그런 설교에 대해 역설적인 이야기를 한다. 즉 경제학적 최적성의 관점에서는 모든 사람이 다른 사람의 사정은 생각하지 않고 자신의 이익만 추구하며 이기적으로 행동하는 게 좋다. 오히려 그렇게 하는 게 사회를 최적화한다고 주장하고 있다. 이 정리는 증명을 읽어보면 알 수 있는데 여기에는 몇 가지 수학적 전제가 깔려있다. 그 전제가 우리 사회에 얼마나 잘 맞는지 생각해보면 이 정리가 우리의 가치관을 뒤흔들기에 충분한 주장이라 할 수 있다.

실제로 필자는 이 정리와 증명을 알고 속이 후련해졌다. '다른 사람을 배려해라. 남에게 도움이 되는 사람이 되라'고 설교하는 사람일수록 오히려 남의 대가없는 봉사를 바라거나 이익이 되지 않는 귀찮은 일을 피하려 하는 경우가 많았다. 결국 자신의 사정을 우선시하려는 속셈이 빤히 보였다. 어른이 되며 이런 느낌이 거의 옳다는 것을 차츰 깨달았고 (그런 말을 하는 어른이나 교사에게) 속았다

는 생각이 들었다. 그런 필자에게 '발라의 정리'는 속 시원한 청량제 같았다.

한편 이 정리에 들어 있는 '시장을 통한 가격거래'라는 말도 중요하다. 아무리 이기적인 행동을 한다 해도 '사람들끼리 직접 맞부딪치는' 것은 아니다. 개개인의 이기심은 시장이라는 쿠션을 두고 조정할 필요가 있다. 시장이 이상적으로 기능한다면 상거래에서 일어날 수 있는 문화·종교·인종적인 충돌을 막을 수 있다. 이기적 행동에 의한 감정적인 대립을 피하기 위해 시장이라는 구조를 생각하게 된 것이리라.

● 시장에서 거래가 이루어지는 과정

여기서 발라의 정리를 어떻게 증명하는지 간단히 설명해 보자. 아주 단순한 모델을 이용해 핵심적인 내용만 살펴본다.

지금 사회에는 A와 B 두 사람밖에 없으며 일정한 기간

동안 A는 고기 4근을 생산하고 B는 생선 15마리를 잡는다고 하자. 두 사람은 자신이 가진 것만 먹는 게 아니라 다른 사람과 물건을 교환해 소비하고 싶어 한다. 목적을 이루기 위해 두 사람은 각자 물건을 시장에 가져가 창고 관리자에게 맡기고 보관증을 받았다.

시장의 창고 관리자는 A의 고기 4근과 B의 생선 15마리를 맡아두었다. 그리고 A는 고기 4근이라고 쓰인 보관증을, B는 생선 15마리라고 쓰인 보관증을 받았다. 여기서 창고 관리자는 물건에 각각 가격을 매긴다. 우선 고기는 한 근에 3포인트, 생선은 한 마리에 1포인트의 가격을 매겼다고 하자.(포인트는 가격단위)

이 시점에서 A가 가지고 있는 고기 4근에 대한 보관증은 $4 \times 3 = 12$포인트이므로 A는 12포인트의 구매력을 갖는다. 마찬가지로 B가 가진 생선 15마리에 대한 보관증은 $15 \times 1 = 15$포인트이므로 구매력도 15포인트다.

A는 12포인트의 구매력으로 시장에서 고기와 생선을 얼마나 살 수 있을까. A가 구입할 수 있는 고기와 생선의 합은 다음과 같다.(정수만 가능하다고 가정한다.)

고기	생선
4	0
3	3
2	6
1	9
0	12

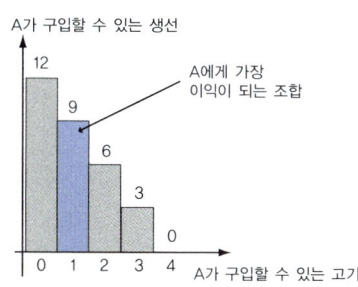
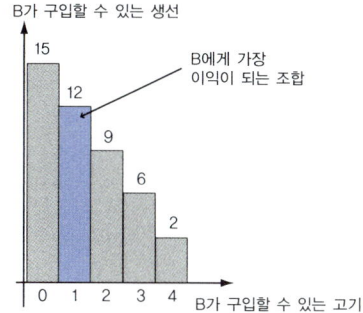

그림 2-2

　이것은 모두 가격이 12포인트가 되는 조합이다. 우선 자신의 구매력으로 본래 가지고 있던 고기 4근을 다시 사서 돌아갈 수 있다는 점도 알아두자. 당연하다. 그것이 고기 4근 생선 0마리의 조합이다. 그리고 고기는 생선보다 3배 비싸기 때문에 고기를 한 근 포기할 때마다 생선을 세 마리씩 더 살 수 있다. 이것을 그림으로 나타내면 〈그림 2-2〉의 왼쪽과 같다. 이때 A에게 가장 이익이 되는 구매량은 고기 1근, 생선 9마리라고 가정하자.

　마찬가지로 B가 구입할 수 있는 고기와 생선의 조합을 그림으로 나타내면 〈그림 2-2〉의 오른쪽과 같다고 하자. B는 고기를 한 근 더 살 때마다 본래 가지고 있던 생선을 3마리씩 포기해야 한다. B가 구입할 수 있는 조합 가운데 B에게 가장 유리한 것은 고기 1근, 생선 12마리라고 가정하자.

　그런데 이런 A와 B의 구매 의사를 들은 창고 관리자는 거래가 성사될 수 없음을 깨닫는다. A와 B는 각각 생선 9

83

마리, 12마리를 원하고 있으므로 실제 필요한 생선은 21마리인데, 시장에는 15마리밖에 없기 때문이다.

●
시장 거래와 에지워스 상자

A와 B가 구입할 수 있는 조합을 나타낸 그래프(〈그림 2-2〉)에서 우리는 '가우스 덧셈'의 구조를 발견할 수 있다. 그래프 B를 거꾸로 뒤집어 그래프 A 위에 얹으면 〈그림 2-3〉과 같은 직사각형이 생기기 때문이다. 왼쪽 아래를 원점으로 보면 A가 구매할 수 있는 조합, 오른쪽 위를 원점으로 보면 B가 구매할 수 있는 조합이 된다.

그래프에 보이는 사각형은 가로축이 시장에 있는 고기 4근, 세로축이 생선 15마리를 나타낸다. 그림은 A와 B가 시

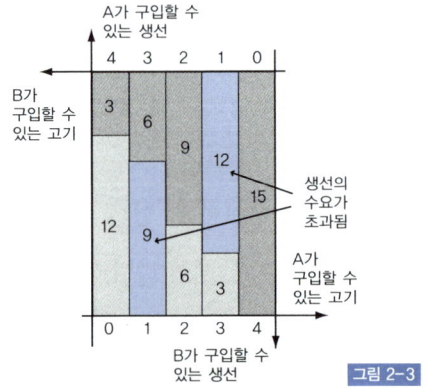

그림 2-3

장에서 고기와 생선을 교환하려 한다는 것을 의미한다. 따라서 사각형 안에 두 그래프가 맞물려 만들어낸 경계(계단)는 두 물건의 교환 상황을 나타낸다. 이 사각형은 처음으로 고안한 경제학자 에지워스Francis Edgeworth의 이름을 따서 '에지워스 상자'라 부른다.

에지워스 상자를 고안한 영국의 경제학자 에지워스(1845~1926)

여기에 '가우스 덧셈'과 똑같은 구조가 나타난다. 세로막대를 오른쪽에서 왼쪽 방향으로 따라가 보면 A는 고기 1근을 넘겨줄 때마다 생선 3마리를 얻게 되는데 생선의 공급량은 일정하므로 이 그림은 동시에 B의 생선 소비량 감소와 고기 소비량의 증가까지 의미한다.

지금 A에게 최적의 소비는 왼쪽에서 두 번째 아래에 위치한 막대에, B에게 최적의 소비는 왼쪽에서 네 번째 위에 위치한 막대에 나타난다. 이것은 시장에서 교환이 순조롭게 이루어지지 않는다는 뜻이다. 실제로 A와 B가 원하는 생선 구입량(수요)은 시장에 보관된 양(공급량)보다 많다. 이것은 A가 선택한 막대와 B가 선택한 막대가 어긋나 서로 겹치는 부분이 있다는 데서 알 수 있다.

●

가격 조정으로 최적성이 실현된다: 발라의 정리와 증명

이렇게 생선의 수요가 초과되었음을 안 창고 관리자는 가격을 조정한다. A와 B가 구입하고 싶어 하는 생선이 시장 공급량을 초과했다는 것은, 물건에 대한 A와 B의 가치 평가가 가격에 정확히 반영되지 않았음을 의미한다. 즉, 고기가 생선에 비해 너무 비쌌던 것이다.

여기서 창고 관리자는 고기 가격을 2포인트로 내린다. 이렇게 되면 A와 B의 구매력도 바뀐다. B의 보관증은 생선 15마리에 대한 것이므로 변함없이 $1 \times 15 = 15$포인트의 구매력을 나타내지만 A의 보관증은 고기 4근에 대한 것이므로 $4 \times 2 = 8$포인트로 바뀐다. 이에 따라 A의 구입량을 나타내는 그래프는 물론이고 B의 그래프도 바뀌게 된다. 이번에는 두 막대그래프가 서로 맞물린 사각형만 표시한다.

〈그림 2-4〉와 같이 A는 고기를 1근 내놓고도 생선을 2마리밖에 살 수 없게 된다. 그 때문에 두 막대그래프의 경계가 만들어내는 경사는 전보다 완만해졌다. 이때 A와 B도 최적의 구입계획을 변경할지 모른다. 예를 들면 두 사람 모

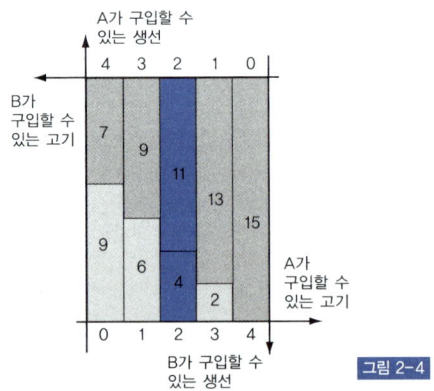

그림 2-4

두 전보다 싸진 고기를 한 근씩 더 사고 그만큼 생선 소비량을 줄일 수도 있다. A는 고기 2근과 생선 4마리를, B는 고기 2근과 생선 11마리를 살 수 있다.(〈그림 2-4〉의 색깔 있는 막대)

이렇게 하면 〈그림 2-4〉에서 알 수 있듯 교환은 순조롭게 성사된다. 생선에 대한 수요는 시장 공급량 15마리와 같고 고기에 대한 수요도 공급량 4근과 같기 때문이다. 시장의 창고 관리자는 이 가격으로 거래를 성사시켜 A에게는 고기 2근과 생선 4마리를, B에게는 고기 2근과 생선 11마리를 준다. 이렇게 창고 관리자가 가격을 원만하게 조정해 모든 거래자가 구입할 수 있는 범위에서 최적의 조합을 실현함으로써 공급량 안에서 수요가 안정된 상태를 '경쟁 균형'(발라의 균형)이라고 한다. 경제학자들은 연구를 통해 이러한 경쟁 균형은 어떤 타당한 수학적 가정 아래서 반드시 성립된다는 것을 밝혀냈다.

●
외부불경제를 제안한 피구의 반례

이와 같이 '가우스 덧셈' 그래프(에지워스 박스)를 사용해 시장원리의 최적성을 간단히 살펴보았다. 이것은 시사적인 주장이지만 모든 경우에 적용되는 것은 아니다. 이론 경제학은 주장을 수학적으로 표현하기 때문에 다른 사회과학 분야보다 반례를 제시하기 쉽다. 어떤 암묵적인 가정이 현실과 맞지 않는지 냉정히 생각하면, 어떻게 설정을 바꿔야 반례가 성립하는지 알 수 있기 때문이다. 이것이야말로 경제학적 주장을 수학적으로 구축하는 일의 효능이라 할 수 있다.

'발라의 정리'의 전제를 바꾸면 결론이 달라진다는 사실을 최초로 밝혀낸 것은 경제학자 아더 세실 피구 Arthur Cecil Pigou였다. 피구는 1925년 논문에서 '공해가 존재할 경우 정리는 성립하지 않는다'고 지적했다. 공해란 공장 배기가스가 공기를 오염시키거나, 쓰레기 처리장에서 폐기물을 태워 생긴 유독물질이 토양이나 공기 중에 배출되어 여러 가지 해를 입히는 현상이다. 이렇게 공해가 존재하는 사회를 앞에 나온 시장교환 모델에 적용해 분석할 경우, 상황을 어떻게 설정해야 할까.

경제학에서 외부불경제를 고려할 것을 지적한 경제학자 아더 세실 피구(1877~1959)

예를 들면 앞의 모델에서 A는 생선을 먹기 위해 가지고 있던 고기를 어느 정도 포기해야 한다. 이것은 A에게 손해지만 '시장 거래를 통해' 감수하는 손실이라는 점이 중요하다. A가 고기를 처분할 때 그것은 생선의 구매력이 되어 돌아온다는 사실을 알고 포기했다고 보아도 무방하다. 그게 싫다면 본래 자기가 맡긴 고기를 모두 그대로 가져가면 된다. 그러나 공해의 경우는 다르다. 공해로 손해를 보는 사람들은 무언가를 얻기 위해 공해의 피해를 알면서도 시장 행동을 해 공해를 감수하는 게 아니기 때문이다.

피구는 이 관점에서 '시장 거래'라는 범주 안에서 공해를 정의했다. '공해란 시장 거래자가 시장을 거치지 않고 제3자에게 손해를 입히는 것'이다. 피구가 말하는 '시장을 거치지 않고 손해를 입히는 것'을 전문용어로 '외부불경제'라고 한다. 그리고 피구는 '만일 외부불경제가 사회에 존재한다면 자유경제의 원리는 사회를 최적화하지 못한다'는 형태로 경제학의 기본 정의에 대한 반례를 제시했다.

시장에 포함되지 않는 경제현상: 외부불경제

피구가 외부불경제의 예로 제시한 이야기는 다음과 같다. 19세기 말부터 20세기 초까지 영국에서는 기관차에서 나오는 매연이나 검댕이 선로 주변의 삼림을 소실시켜 문

내부(불)경제 vs 외부(불)경제

일반적으로 공업생산에서는 생산규모를 확대함으로써 비용이 절약되고 생산량이 체증(遞增)하는 경향이 있는데, 그와 같은 비용의 절약이 설비의 개량이나 조직의 개량 등 그 기업의 내부요인에서 일어나는 경우를 내부경제(또는 내부절약)라고 한다. 이와는 달리 비용의 절약이 관련 산업의 발달, 입지 조건의 변화, 산업의 지역적 집중에 따른 수송비의 저하 등 기업 밖의 요인에 의한 경우를 외부경제(또는 외부절약)라고 한다. 내부경제는 기업 내의 규모의 경제이며, 따라서 대규모 생산에 의한 이익을 가리키는 경우가 많다. 그러나 대규모화했다고 해서 반드시 이윤이 증대하는 것은 아니다. 과잉 설비 때문에 손익분기점(損益分岐點)이 상승하는 것과 같은 기업 내 불이익은 내부불경제(內部不經濟)라고 한다. 또 공해와 같이 어떤 기업이 사회 전체에 주는 불이익을 외부불경제라고 한다.

제가 되었다. 이 손해에 대해 철도 회사나 승객은 배상할 법적 의무가 없다.

   삼림 훼손이라는 문제를 고려하지 않고 철도 회사와 승객의 이해관계만으로 운임을 결정하면 어떻게 될까. 사회 전체로 보았을 때, 삼림 훼손의 피해를 낮추면서 철도를 적당히 이용하는 것이 가장 이익이 크다고 하자. 그러나 승객이나 철도 회사가 삼림에 대해 생각할 동기는 전혀 없었다. 승객은 요금을 생각해 자신의 편리성이 최대가 되는 이용 횟수를 결정할 테고, 철도 회사는 승객의 이용 횟수를 보고 자사의 이익이 최대가 되는 운임을 결정할 것이다. 그러므로 삼림 소실은 전혀 신경 쓰지 않고 운임을 싸게 설정했기 때문에 이용 횟수가 지나치게 많아진 것이다. 그 결과 삼림 손실이 심각해진 것은 당연한 일이었다.

   이것은 사회에 속한 모든 사람의 이익을 어림잡아 보아도 최적의 상태라 할 수 없는 상황이다. 실은 운임을 조금만 높이면 그에 따라 이용 횟수가 줄어들 테고 삼림 소실도 어느 정도 막을 수 있으므로 사회 전체의 이익은 훨씬 커질 수 있다고 피구는 지적한 것이다.

   앞에서 이기적 행동에서 최적성을 이끌어내려면 시장의 쿠션이 필요하다고 했는데 피구의 반례는 그 중요성을 밝힌 것이라 할 수 있다. 시장의 쿠션이 제 기능을 하지 못할 (삼림 소실이라는 사회의 불이익이 시장가격, 운임에 반영되지 않을) 경우, 이기적 행동은 (공해라는 형태로) 일종의 '폭력'이

될 수 있다. 이런 피구의 논리로 알 수 있듯, 공해가 생기는 상황에서 경제학의 기본정의는 성립되지 않는다. 이 이야기를 좀 더 수학적이고 논리적으로 설명해보자.

● 그래프로 이해하는 '사회의 이익'

외부불경제가 경제에 미치는 효과를 이해하기 위해 간단한 모델을 만들어보자. 산꼭대기에는 공장이 있고 생산하고 남은 폐기물을 강 상류에 버렸다고 하자. 그 폐기물은 강을 흘러 산기슭에 자리한 호수에 흘러든다. 호수에서는 어업이 이루어지고 있다. 공장 생산량과 그에 따른 이익은 〈표 2-1〉과 같다.

공장의 생산량	0	1	2	3	4	5	6	7	8	9	10
공장의 이익	0	9	16	21	24	25	24	21	16	9	0

표 2-1

이것을 그래프로 나타낸 것이 〈그림 2-5〉이다.

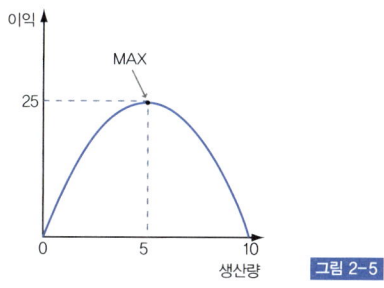

그림 2-5

그래프에서는 가로축이 생산량, 세로축이 이익을 나타낸다. 이 모델은 생산량을 늘리면 처음에는 이익이 늘어나지만 일정량을 넘으면 반대로 이익이 줄어들게 되어 있다. 이익이 줄어드는 이유는 부지가 좁아지거나 노동의 질이 떨어져, 이 문제를 해결하는 데 수입 증가분보다 많은 비용이 들어가기 때문이다. 따라서 이 공장의 최적 생산량은 곡선 그래프의 꼭짓점, 즉 5단위이다. 당연히 공장은 이 생산량을 선택할 것이다.

다음으로 호수에서 이루어지는 어업의 이익을 생각해보자. 우선 공장의 생산활동이 어획량에 영향을 미치지 않을 경우, 즉 외부불경제가 없는 경우를 생각해보자. 단순히 생각하기 위해 어획량은 모두 어민의 이익이 된다고 하면 〈표 2-2〉처럼 공장 생산량과 상관없이 이익은 항상 10이다. 게다가 마을에 산업은 단 두 가지밖에 없고 '공장의 이익과 어민의 이익을 더한 것'이 마을 전체의 이익, 즉 '사회의 이익'이 된다고 생각해보자.

〈표 2-2〉와 같이 사회의 이익도 공장이 5단위를 생산할 때 최적화되는데 이것을 그림으로 나타내려면 어떻게 해야 할까. 여기에 '가우스 덧셈'이 이용된다.

표 2-2

공장 생산량	0	1	2	3	4	5	6	7	8
공장 이익	0	9	16	21	24	25	24	21	16
어획량	10	10	10	10	10	10	10	10	10
사회 이익	10	19	26	31	34	35	34	31	26

우선 공장 생산량을 가로축으로 잡았을 때, 공장의 이익을 나타낸 것이 〈그림 2-6〉이다. 마찬가지로 공장 생산량을 가로축으로 잡았을 때 어민의 이익을 나타내는 것은 〈그림 2-7〉이다.

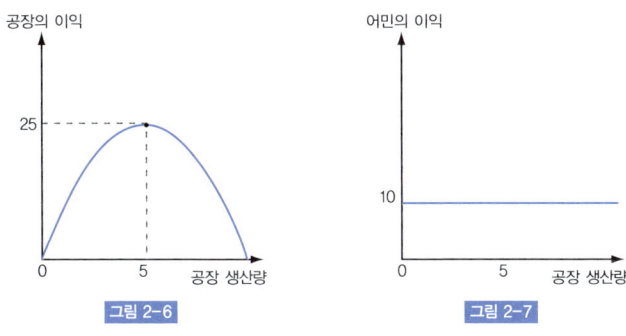

그림 2-6   그림 2-7

이때 사회의 이익(공장의 이익과 어민의 이익을 더한 것)을 그림으로 나타내기 위해 〈그림 2-7〉의 그래프(수평 직선)를 뒤집어 〈그림 2-6〉의 그래프에 포개어보자. 그러면 〈그림 2-8〉이 된다.

〈그림 2-8〉은 '가우스 덧셈'의 그래프와 같은 구조가 되

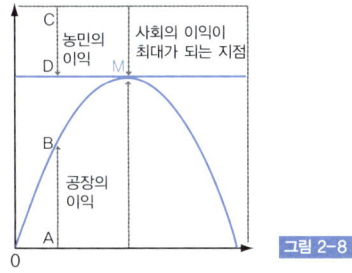

그림 2-8

므로 아랫변에서 곡선 그래프까지 잰 선분 AB는 공장의 이익, 윗변에서 직선까지 내려 그은 선분 CD는 어민의 이익이 된다. 따라서 이 두 선분의 합은 사회의 이익이 된다. 그러면 사회의 이익이 최대가 되는 지점은 곡선 그래프의 꼭짓점 M임을 바로 알 수 있다. 왜냐하면 다른 곳은 (BD 사이와 같이) 항상 공백이 생기기 때문이다. 즉 공장의 이익이 최대가 되는 생산량을 고르면 그것은 사회의 이익까지 최대로 만든다. 이것은 '경제학의 기본 정의(발라의 정리)'가 성립하는 경우로, 다음에 소개할 반례의 비교 기준이 된다.

●
그래프를 뒤집어라: 그림으로 이해하는 외부불경제

그렇다면 다음으로 공해(외부불경제)가 있는 경우를 생각해보자.

〈표 2-3〉과 같이 공장에서 생산량을 늘리면 호수가 오염되어 어획량이 감소한다. 이 경우 〈표 2-3〉에서 알 수 있듯 공장의 이익이 최대가 되는 생산량(5단위)은 사회의 이익이 최대가 되는 생산량(4단위)과 일치하지 않는다. 즉 외부불경제가 미치는 효과를 수치로 나타낸 것이 〈표 2-3〉이다. 이것을 좀 전과 마찬가지로 '가우스 덧셈' 그래프로 만들어보자. 〈그림 2-10〉을 거꾸로 뒤집어 〈그림 2-9〉 위에 올려

공장 생산량	0	1	2	3	4	5	6	7	8
공장 이익	0	9	16	21	24	25	24	21	16
어획량	17	15	13	11	9	7	5	3	1
사회 이익	17	24	29	32	33	32	29	24	17

표 2-3

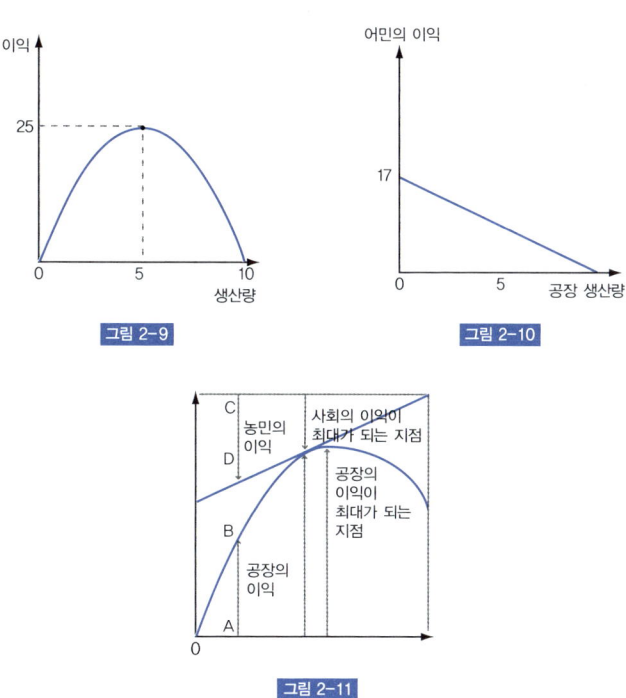

그림 2-9

그림 2-10

그림 2-11

놓고 한 지점만 닿게 한 것이 〈그림 2-11〉이다.

　어획량 그래프가 오른쪽 아래로 기울어져 있기 때문에 위아래를 뒤집어 맞춰보면 직선은 오른쪽 위를 향하게 된다. 아래에서 위로 그은 선분과 위에서 내려 그은 선분의 합이 최대가 되는 지점은 곡선 그래프의 꼭짓점이 아니라 약간 왼쪽으로 치우쳐 있음을 알 수 있다.

공장의 생산량이 어획량에 영향을 미치지 않는 〈그림 2-7〉의 경우, 어획량을 나타내는 선은 수평선이었다. 따라서 '공장의 이익+어획량'이 최대가 되는 선은 곡선 그래프의 꼭짓점이었다. 그러나 공장의 생산량이 어획량에 영향을 미치는 〈그림 2-11〉은 사정이 다르다. 어획량을 나타내는 선(을 위아래로 뒤집은 것)이 오른쪽 위를 향하게 되므로 위에서 내려 그어 곡선 그래프와 만나는 지점은 꼭짓점보다 왼쪽으로 치우친다. 그래서 '사회의 이익(공장의 이익+어민의 이익)'을 최대화 하는 생산량은 '공장의 이익'을 최대화 하는 생산량(곡선 그래프의 꼭짓점)과 다르다.(생산량이 줄어든다.)

이렇게 공장에서 공해(외부불경제)를 일으켜 시장과 상관없이 어업에 영향을 미칠 경우, 공장의 이기적인 이익 추구 활동이 사회를 최적화시키지 못하는 이유를 살펴보았다.

세금제도는 공해를 해결할 수 있을까?

공해라는 외부불경제가 발생하기 때문에 각 기업이나 소비자의 이기적 행동이 사회를 최적화하지 못한다는 이야기다. 그럼 어떻게 해야 사회를 최적화할 수 있을까? 외부불경제의 효과를 해소하는 가장 간단한 방법은 '외부불경제의 내부화'이다. 쉽게 말하면 시장에 쿠션을 넣는 일이다. 외부불경제가 '시장 외부의 제3자에게 발생하는 피해'이므로 제3자를 시장 거래의 '당사자'로 끌어안으면 된다.

앞에서 살펴본 예에 적용하면, 공장과 어업이라는 두 기업(사업)을 합병해 하나의 기업(사업)을 만드는 것이다. 이때 표에 나타나는 '사회의 이익'은 그대로 '합병 기업의 이익'이 될 수 있다. 따라서 합병 기업은 자연히 생산량 4단위를 최적의 이익으로 선택하게 된다. 그것이 곧 사회의 최적 생산량이다. 합병 기업이 되면 공장은 자신의 생산활동이 어획량 감소에 영향을 미친다는 것을 염두에 두고 생산량을 결정하기 때문이다.

그러나 이 '합병'이란 방법에는 현실감이 없다. 공장과 어업이라는 전혀 다른 업종을 합병한다는 것이 어려운 일일 뿐만 아니라, 오염시킨 기업과 그에 따른 손해를 본 업종이 협력한다는 것도 감정적으로 있을 수 없는 일이다.

여기서 피구는 외부불경제를 내부화시키는 현실성 있는

방안으로 '오염에 대해 세금을 부과하는' 안을 제안했다. 이 과세는 처음으로 제안한 피구의 이름을 붙여 '피구세 Pigouvian tax'라 부른다. 앞의 예로 설명하면 공장에서 생산한 1단위에 대해 2단위(1단위의 생산 증가에 따라 감소하는 어획량과 같다)의 세금을 부과하는 것이 피구세다. 〈표 2-4〉가 피구세를 부과한 결과다.

표 2-4

공장 생산량	0	1	2	3	4	5	6	7	8
공장의 이익	0	9	16	21	24	25	24	21	16
피구세	0	2	4	6	8	10	12	14	16
세금 부과 후의 이익	0	7	12	15	16	15	12	7	0

세금을 제한 후의 이익을 보면 알 수 있듯, 기업의 이익이 최대화되는 생산량은 4단위이므로 기업은 당연히 이 생산량을 선택할 것이다. 그리고 이것이 사회의 최적 생산량이라는 점은 조금 전 확인했다.

이 피구세의 구조가 '가우스 덧셈'이라는 점은 이미 눈치챘으리라 생각한다. 공장이 호수를 오염시켜 어업에 손해를 입힌 것은 '세금 부과'라는 형태의 불이익이 되어 돌아온다. 이익 증가분과 그에 따른 불이익이 소멸되는 수준에서 생산량을 조정하는 게 합리적인 공장의 행동이다. 게다가 이것은 사회에서도 최적의 행동이 된다.

이런 피구세는 보통 우리가 떠올리는 세금과 다른 배경을 갖고 있다. 세금은 시민이 사용하는 공동시설(수도나 공항, 공공도서관 등)을 만들고 운영하기 위해 모든 시민에게

징수하는 돈이다. 그러나 외부불경제를 내부화하기 위한 피구세는 이런 세금과 목적이 다르다. 피구세는 사회에 필요한 인프라 구축이나 제도 운영을 위한 게 아니라 공해로 생긴 외부불경제의 효과를 없애기 위해 만든 세금이다. 즉, 기업이나 소비자가 '높은 세금을 지불하느니 생산이나 소비를 줄이는 게 낫다'고 판단해 자발적으로 생산이나 소비를 억제하도록 유도하는 방법이다.

예를 들면 쓰레기 종량제나 가전제품 재활용법은 일종의

탄소세

지구의 온난화 방지를 위해 이산화탄소를 배출하는 석유, 석탄 등 각종 화석에너지의 사용량에 따라 부과하는 세금을 말한다. 1991년 12월 유럽공동체 에너지환경 각료회의에서 탄소세 도입 방침이 처음 합의되었다. 하지만 현재 탄소세를 도입한 나라는 스웨덴, 핀란드, 네덜란드, 덴마크, 노르웨이 등 몇 개국에 불과하다. 미국은 전 세계 이산화탄소 배출량의 약 20%를 배출하고 있으나 아직 탄소세를 실시하지 않고 있다. 탄소세의 효과는 이산화탄소를 많이 함유하는 화석연료의 가격을 전반적으로 인상시킴으로써 화석연료 이용을 억제하는 것과 대체에너지 개발을 촉진해 간접적으로 이산화탄소의 배출량을 억제하는 것에 있다.

피구세로 해석할 수 있다. 담배에 부과되는 세금도 비흡연자에 대한 외부불경제 경감을 위한 것으로 본다면 피구세라 할 수 있다. 현재 지구 온난화 방지를 위해 선진국에서는 이산화탄소 배출량 삭감에 대한 논의가 시작되었다. 효과적인 대책으로는 탄소 배출에 대한 과세가 검토되었다. 이런 탄소세에 관한 논의는 거창하게 말하면 지구 전체에서 이루어지는 거대한 '가우스 덧셈'이 아닐까?

제3장

닮은꼴에서 상상하는 프랙탈
무한을 이미지화 한다

수학으로 생각한다

●

'닮음'으로 세상을 바라보다

초등학생이 수학 시간에 배우는 도형 가운데 가장 중요한 개념은 '닮음'이 아닐까? 닮음이란 '길이는 다르지만 각 변의 비율이 같은 두 도형'을 일컫는 말이다. 예를 들어 가로 6cm, 세로 4cm인 직사각형과 가로 15m, 세로 10m인 직사각형이 있다고 하자. 앞의 직사각형은 손바닥에 올려놓을 수 있을 만큼 작고 후자는 방에 들여놓을 수 없을 만큼 크지만 두 사각형은 닮은꼴이다. 가로와 세로의 비율이 3:2이기 때문이다. 두 사각형은 크기는 다르지만 '모양'이 같다. 앞의 작은 직사각형은 후자의 미니어처나 마찬가지다. 이렇게 서로 닮은 도형은 길이의 비율뿐 아니라, 각도도 같다. (사각형은 모두 직각이다) 즉, 닮은꼴은 길이가 다를

뿐 각을 포함한 '구조'가 똑같은 도형이다. 그러므로 닮음은 우리 생활에서 결코 빼놓을 수 없는 존재다. 엄청나게 거대한 형태나 반대로 굉장히 미세한 모형을 연구할 때 우리가 일상적으로 접할 수 있는 크기로 닮은꼴을 만들면 수월하게 분석할 수 있기 때문이다.

이렇게 닮음을 이용한 전형적인 예가 '지도'이다. 지형은 굉장히 거대하기 때문에 멀리서 바라보거나 걸어 다니면서 정확한 전체상을 파악할 수는 없다. 그러나 우리는 지형을 5만분의 1, 혹은 20만 분의 1로 축소한 지도를 통해 여러 지역의 모양과 거리를 알 수 있다. 따라서 어디든 목적지를 찾아갈 때 머리 속에 지도가 들어 있으면 어느 정도 걸어서 어느 방향으로 얼마만큼 가면 도착한다는 것을 짐작할 수 있다.

또 '모형'이나 '미니어처'도 닮은꼴을 이용한 좋은 예이다. 예를 들어 건축가는 건물을 만들 때 처음에는 실물과 비슷한 닮은꼴부터 만든다. 이것으로 구체적인 이미지를 굳히고 때로는 모형으로 강도 실험을 한 뒤 실제 건물을 짓는다.

닮음과 넓이의 관계

닮음에 대해서는 넓이에 관한 문제가 자주 출제된다. 전형적인 예는 다음과 같다.

문제 (ㄱ)(ㄴ)(ㄷ)과 같이 한 변이 12cm인 정사각형 속에 같은 크기의 원을 그린다. (ㄱ)(ㄴ)(ㄷ)에 들어 있는 원의 넓이를 모두 더하라.

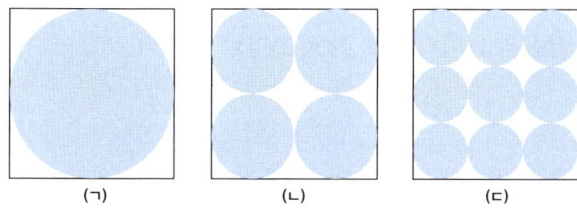

(ㄱ)　　　　(ㄴ)　　　　(ㄷ)

이 문제는 쉽게 풀 수 있으리라 짐작한다. 원주율은 3.14로 하자.

(ㄱ)은 정사각형 한 변이 12이므로 반지름은 6이다. 따라서 원의 넓이는 $6 \times 6 \times 3.14 = 113.04$이다.

다음으로 (ㄴ)은 정사각형 한 변이 12이므로 반지름은 3이고 원이 4개 있으므로 원의 넓이를 더한 값은 $3 \times 3 \times 3.14 \times 4 = 113.04$이다.

(ㄱ)과 (ㄴ)의 답이 같은 것은 우연일까, 필연일까. 이것을 확인하기 위해 남아 있는 (ㄷ)을 풀어보자. 정사각형 한

변이 12이므로 반지름은 2이고, 원이 9개 있으므로 원의 넓이를 모두 더한 값은 2×2×3.14×9=113.04이다.

(ㄷ)도 일치한다. 아무래도 단순한 우연은 아닌 것 같다. 사실 (ㄱ)(ㄴ)(ㄷ)의 넓이의 합이 모두 같은 배경에는 닮음이라는 매우 중요한 성질이 숨어있다.

'닮음과 넓이의 법칙'을 증명하다

앞에서 풀었던 문제에서 원의 넓이가 셋 모두 같은 이유는 '닮음과 넓이의 법칙'으로 설명할 수 있다.

닮음과 넓이의 법칙

도형 F와 G가 닮은꼴이고 F와 G의 닮음비(대응하는 변의 비)는 1:k라 하자. 이때 F와 G의 넓이비는 $1:k^2$이 된다.

이 법칙을 증명하려면 곡선도형의 넓이에 대해 더 자세히 정의해야겠지만 여기서는 간단히 요점만 설명하고자 한다. 우선 직사각형일 경우를 증명하고 직사각형이 아닌 다른 경우를 생각해보자.

〈그림 3-1〉과 같이 직사각형 F와 G가 있고, 가정했듯이 닮음비가 k라면 G의 각 변은 F의 k배가 된다. 따라서 넓이는 $k×k=k^2$배이다. 즉 직사각형에서 '닮음과 넓이의 법칙'이 성립한다는 사실을 알 수 있다.

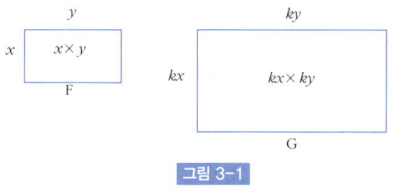

그림 3-1

다음으로 직사각형이 아닌 닮은꼴 F와 G의 경우를 생각해보자. 핵심은 도형 F에 작은 직사각형을 빈틈없이 채워 넣을 수 있다는 점이다. (도형 F가 곡선으로 된 도형일 경우, 빈틈없이 사각형을 채워 넣을 수는 없을 것이다. 그러나 아주 작은 직사각형을 넣으면 빈 공간을 최소한으로 줄일 수 있다. 이렇게 빈틈없이 채운 작은 직사각형의 넓이를 더한 값은 도형 F의 넓이와 거의 일치한다고 생각하자.) 그리고 도형 안에 빼곡히 들어 있는 작은 직사각형을 모두 k배 확대한다. G는 F와 닮은꼴이므로 이들 직사각형을 G 안에 각각 대응하는 위치에 넣으면 당연히 도형 G에도 들어갈 것이다. 각 직사각형은 앞에 설명한 것과 같이 모두 k^2배이므로 확대된 직사각형의 넓이를 더한 값은 본래 넓이를 더한 값의 k^2배가 된다. 직사각형이 F와 G에 들어 있으므로 'G의 넓이' = 'F의 넓이' $\times k^2$이 되어 닮음과 넓이의 법칙이 틀림없다는 사실을 알 수 있다. 그렇다면 이 법칙을 사용해 앞에 나왔던 문제의 답이 모두 일치했던 원리를 생각해보자.

실은 도형 (ㄴ)은 (ㄱ)(정사각형 안에 원이 한 개 들어 있는 도형)을 2분의 1로 축소한 도형 4개를 붙여 하나로 만든 도형이다. 따라서 '닮음과 넓이의 법칙'을 사용하면 (ㄴ)에 있는 원 하나의 넓이는 (ㄱ)에 들어있는 원의 넓이의 $\frac{1}{2} \times \frac{1}{2} = \frac{1}{4}$배, 즉 4분의 1이 된다. 그것이 4이므로 원 4개의 넓이를 모두 더하면 본래 원의 넓이와 일치한다. 마찬가지로 도형 (ㄷ)은 (ㄱ)을 3분의 1로 축소한 도형 9개를 붙여 만든 것이므로 원 9개의 넓이를 모두 더하면 $\frac{1}{3} \times \frac{1}{3} \times 9 = 1$로 본래 원의 넓이와 일치한다.

이 구조를 이해하면 넓이가 일치한다는 것을 좀 더 일반적인 경우에 적용할 수 있으리라 생각한다. n분의 1로 축소한 도형을 n^2개 붙여 정사각형을 만들 경우, 각각 축소된 정사각형 안에 들어있는 원의 넓이의 합은 $\frac{1}{n} \times \frac{1}{n} \times n^2 = 1$로 반드시 본래 큰 원의 넓이와 일치한다.

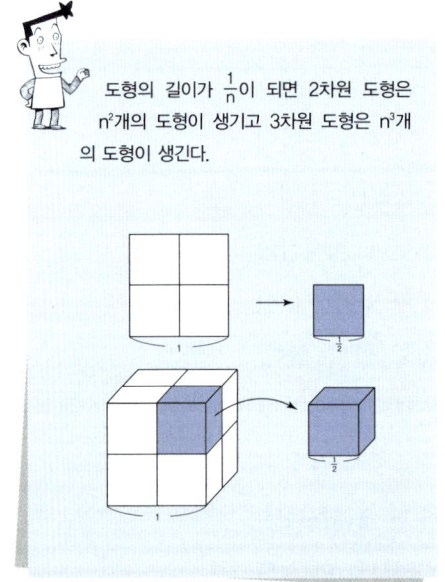

도형의 길이가 $\frac{1}{n}$이 되면 2차원 도형은 n^2개의 도형이 생기고 3차원 도형은 n^3개의 도형이 생긴다.

여기서 핵심은 '넓이가 n^2분의 1이 되는 것과 개수가 n^2배가 되는 것이 동시에 생긴다'는 점이다. 즉 도형의 크기(기본 길이)가 n분의 1이 되면 도형의 개수는 n^2이 된다는 말인데 이 '제곱(2승)'의 '2'라는 숫자는 도형이 '2차원(평면적)'이기 때문에 올 수 있다. 3차원 도형(입체)에 이 법칙을 적용하면 개수는 n^3이 된다. 이 내용은 뒤에서 매우 중요한 역할을 하게 되므로 잘 기억해두기 바란다.

증기기관을 발명한 와트의 에피소드

'닮음과 넓이의 법칙'에 얽힌 재미있는 에피소드를 소개해보자. 증기기관을 발명한 사람은 제임스 와트라고 알고 있을 것이다. 그러나 최초로 실용적인 증기기관을 만든 것은 18세기 영국의 토마스 뉴커먼Thomas Newcomen, 1663~1729이다. 그가 만든 증기기관을 뉴커먼 기관이라고 하는데 글래스고 대학에는 뉴커먼 기관을 정확히 축소해 실물과 똑같이 작동하게 만든 교육용 모형이 비치되어 있었다.

어느 날 이 모형을 움직이려 하는데 작동되지 않아 문제가 되었다. 대학에서는 그 원인을 도저히 찾을 수 없어 기계공인 와트에게 수리를 맡겼다. 와트는 여러 가지 궁리 끝에 원인을 밝혀내게 된다. 뉴커먼 기관은 증기를 실린더에 넣어 피스톤을 밀어올린 뒤, 실린더 안에 들어 있는 물질을 냉각시키기 위해 냉수를 뿌린다. 문제는 이 냉수가 실린더 벽을 냉각시킨다는 점이었다. 이 때문에 실제 뉴커먼의 증기기관에서 일어나지 않았던 문제가 축소 모형에서 일어난다는 사실을 알아냈다.

만일 모형을 10분의 1로 축소했다고 하자. '닮음과 넓이의 법칙'에 따라 실린더 용적은 10분의 1의 세제곱(3승)으로 1000분의 1이 되지만 벽의 넓이는 10분의 1의 제곱(2승)인 100분의 1밖에 안 된다. 그렇다면 실제 뉴커먼 기관

제임스 와트(James Watt, 1736~1819)

과 비교해 모형은 벽 넓이가 용적에 미치는 영향력이 10배나 커지는 꼴이다. 따라서 차가워진 벽이 새로 들어온 증기를 필요 이상으로 냉각시켜 증기가 잘 생기지 않아 작동하지 않았던 것이다. 이렇게 원인을 밝혀낸 와트는 모형뿐 아니라 실제 기관도 실린더 냉각 방식을 개선해야 한다고 생각했다. 그리고 실린더를 외부에서 냉각시키는 방식을 발명해 특허 소유권을 취득하게 되었다. 와트의 역사적인 대발명 뒤에는 이런 '닮음과 넓이(체적)의 법칙'이 있었다.

● 닮음으로 피타고라스의 정리를 증명하다

초등수학에서 쉽게 풀 수 있는 도형 문제로 내부의 닮은 꼴을 이용하는 유형이 많다. 전형적인 예는 직각삼각형의 닮음이다. 삼각형 ABC는 각 A가 90도인 직각삼각형이다.(〈그림 3-2〉)

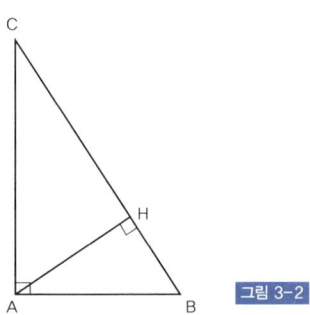

그림 3-2

이 직각 A에서 빗변으로 그은 수선을 H라 하면 새로 생긴 두 개의 직삼각형 HBA과 HAC는 본래의 삼각형과 닮은 꼴이다. (잠깐 생각해보면 세 각이 모두 일치한다는 것을 알 수 있다.) 즉 삼각형 ABC 내부에 자신과 닮은 삼각형이 빈틈없이 들어 있는 형태가 되었다. 이렇게 내부에 전체와 닮은 도형이 존재할 때, 앞서 살펴본 '닮음과 넓이의 법칙'을 응용하면 아주 의미 있는 법칙을 끌어낼 수 있다.

삼각형 ABC와 HBA와 HAC는 모두 닮은꼴인데 닮음비는 (닮음의 대응변인) 빗변을 제외하면, BC : BA : AC가 된다. 따라서 '닮음과 넓이의 법칙'에 따라 이들 삼각형의 넓이의 비는 $(BC^2):(BA^2):(AC^2)$이 된다.

한편, 삼각형 ABC의 넓이는 삼각형 HBA와 삼각형 HAC의 넓이를 더한 것이므로 비에 대해서도 뒤의 두 개를 더하면 처음의 값이 나올 것이다. 즉, $BC^2 = AB^2 + AC^2$이라는 식을 얻을 수 있다. 이것은 누구나 한 번쯤 어디선가 본 식이 아닌가. 그렇다. 누구나 다 아는 기하법칙 '직각삼각형에서 빗변의 제곱은 나머지 두 변의 제곱의 합과 같다'는 '피타고라스의 정리'다.

이 내부의 닮은꼴을 이용해 피타고라스의 정리를 증명하는 방법은 아인슈타인도 소년시절 스스로 발견했다. 11살 때 작은 아버지에게 기초 유클리드 기하학을 배우고 바로 이 증명을 깨달았다고 한다.

자기 유사성을 지닌 현상, 프랙탈

이렇게 '자기 내부에 자신과 꼭 닮은 도형이 있다'는 성질을 확실히 보여주는 도형은 20세기에 발견되었다. 즉 20세기 초에 철학자 헬게 폰 코흐 Helge von Koch가 발견한 코흐 곡선이 대표적인 예이다.(〈그림 3-3〉)

넓이는 고정되어 있지만 둘레는 무한한 특이한 성질을 지닌 코흐 곡선을 발견한 헬게 폰 코흐 (Helge von Koch, 1870~1924)

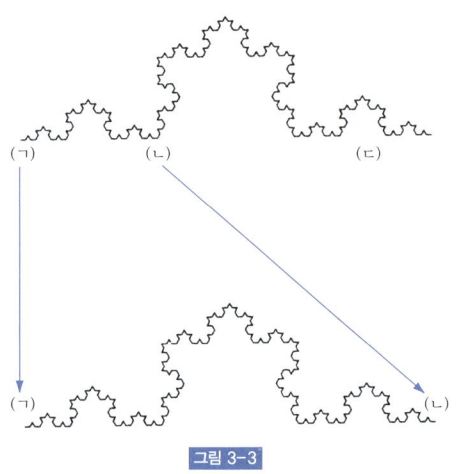

그림 3-3

이 코흐 곡선은 '일부를 떼어 확대하면 전체와 같아진다'는 재미있는 성질을 지닌다. 이런 성질을 지닌 도형을 '자기닮음 프랙탈'이라 부른다. 구체적으로 코흐 곡선은 다음과 같은 방법으로 그릴 수 있다. 우선 〈그림 3-4〉의 (a)와 같이 선분을 긋고 그 선분을 3등분한다. 가운데 선분을 한 변으로 하는 정삼각형을 그리고 새로 생긴 두 변은 남겨두

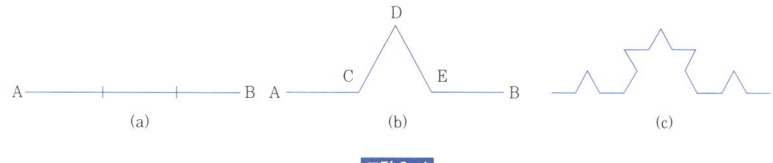

그림 3-4

고 가운데 있던 선분은 지운다. 그것이 (b)이다. 이제 (b)에 있는 4개의 선분을 각각 3등분한 뒤 가운데 선분을 좀 전과 같은 방법으로 정삼각형의 두 변만 남겨놓은 것이 (c)이다. 이런 과정을 수없이 반복하면 코흐 곡선이 완성된다.

'수없이 반복한 후에 생긴 도형'이라지만 실물을 상상하기는 어렵다. 단, 이 과정을 자세히 관찰하다보면 〈그림 3-3〉과 같이, 전체의 3분의 1에 해당하는 왼쪽 아래 곡선이 전체와 닮음이라는 사실을 저절로 깨닫게 된다. 〈그림 3-3〉의 아래에 있는 (ㄱ)-(ㄴ)은 (b)의 왼쪽 끝에서 출발해 (a)→(b)→(c)→……의 작업을 반복한 것으로 이해할 수 있으므로 전체(〈그림 3-3〉의 (ㄱ)-(ㄷ))를 그린 작업보다 한 과정 늦은 만큼 '무한한 작업'을 하다보면 결국 전체와 같은 도형이 된다고 생각할 수 있기 때문이다.

코흐 곡선 문제

〈그림 3-4〉의 (a)와 같이 길이 1m의 직선 AB를 3등분하

여 (b)와 같이 가운데 삼각형 CDE가 정삼각형이 되도록 형태를 바꾼다. 다음으로 (c)과 같이 직선 AC, CD, DE도 마찬가지 방법으로 바꾼다.

문제 1 (c)의 꺾은 선 길이는 몇 m인가. 분수로 답하라.
문제 2 (c)의 꺾은 선에 위와 같은 변형을 2번 더 했을 때 꺾은 선 길이는 몇 m인가. 분수로 답하라.

작업 과정을 이해하면 그리 어려운 문제가 아니다. 각 선분의 길이는 작업을 함으로써 3분의 4배가 된다(3등분한 것이 4개)는 사실을 알아두자. 그러면 (1)은 $1 \times \frac{4}{3} \times \frac{4}{3} = 1\frac{7}{9}$m 마찬가지로 (2)는 작업을 2번 더 해야 하므로
$1 \times \frac{4}{3} \times \frac{4}{3} \times \frac{4}{3} \times \frac{4}{3} = 3\frac{13}{81}$ m이다.

시어핀스키 카펫

자기 유사성을 지닌 프랙탈의 예를 하나 더 살펴보자. 〈그림 3-5〉는 폴란드의 수학자 시어핀스키 W. Sierpinski, 1882~1969 가 발견한 시어핀스키 카펫이라는 도형이다. 만드는 법은 간단하다. 우선 정사각형을 3×3=9등분하고 가운데 정사각형을 지운다. 그리고 남은 8개의 정사각형을 이와 같은 방법으로 각각 9등분하고 한가운데 정사각형을 지운다. 이

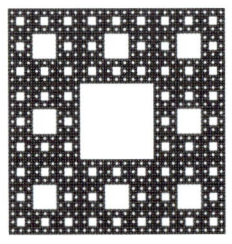
그림 3-5

런 과정을 수없이 반복하여 마지막에 남는 것이 시어핀스키 카펫이다.

이 시어핀스키 카펫은 코흐 곡선과 마찬가지로 자기 유사성을 지니고 있음을 확인할 수 있다. 예를 들면 오른쪽 위에 위치한 전체의 9분의 1에 해당하는 도형은 전체 도형과 닮음이다. 그 이유는 정사각형을 제거하는 과정이 전체보다 한 번 뒤처져 있다 하더라도 무한한 작업을 반복하면 나중에는 같은 도형이 된다고 짐작할 수 있기 때문이다.

●

수학자 만델브로트의 발견

처음으로 자기 유사성을 지닌 프랙탈 도형에 주목한 것은 수학자 베노이트 만델브로트Benoit B. Mandelbrot였다. 사실 '프랙탈'이란 말은 1970년대에 만델브로트가 지었다. '불규칙적인 단편이 쪼개진 상태'를 일컫는 라틴어 프락투스 fractus에서 따온 말이라고 한다.

베노이트 만델브로트(1924~)

사실 만델브로트가 프랙탈 도형에 주목한 것은 이름을 붙이기 20여 년 전인 1950년부터였다고 하는데 불행하게도 20년 이상 아무도 그의 이야기에 귀 기울이지 않았다고 한다. 그러나 그 후 갑자기 많은 연구가들이 관심을 갖기 시작했다. 그것은 갖가지 자연현상이나 사회현상에서 자기 유사성을 지닌 프랙탈이 발견되었기 때문이다.

프랙탈

자연에 존재하는 패턴을 이해하는 가장 중요한 단어 중 하나인 프랙탈이란 말은 만델브로트가 IBM에 근무할 당시 만들어낸 것으로 알려져 있다. 만델브로트는 1967년 〈사이언스〉에 '영국을 둘러싸고 있는 해안선의 총 길이는 얼마인가'라는 논문을 발표하면서 프랙탈의 아이디어를 제시했다. 그는 영국 해안선의 길이가 1m 단위의 자로 쟀었을 때와 1cm 단위로 쟀었을 때 크게 달라진다고 생각했다. 해안선은 큰 스케일에서 보면 직선으로 보이지만 확대해서 자세히 들여다보면 구불구불한 모양을 하고 있다. 코흐 곡선에서도 살펴보겠지만 자기 유사성을 지니는 프랙탈에서는 넓이는 일정하지만 그 둘레의 길이는 무한한 특이한 성질을 지닌다. 따라서 재는 단위에 따라 길이는 크게 달라진다. 한편 자기 유사성을 지닌 프랙탈은 1차원의 선이나 2차원의 면으로 구성되지 않고 그 중간인 '소수점 차원'을 가진 기하학적 구조를 갖는 것이 특징이다.

실제로 우리 주변에는 자기 유사성을 지닌 프랙탈이 굉장히 많다. 눈의 결정은 전형적인 예이다. 눈의 결정을 현미경으로 확대해보면 같은 패턴이 미세하게 반복되는 모양을 관찰할 수 있다. 또 적란운이 커다랗게 뭉게뭉게 피어나는 모양을 자세히 보면 그 속에 조금 작은 크기로 뭉게뭉게 구름이 피어나는 모양이 나타난다. 그리고 그 모양을 좀 더 자세히 보면 안에 그와 닮은 모양이 들어 있음을 알 수 있다. 이것이 프랙탈 도형의 특징이다. 양배추에도 이와 같은 구조가 나타난다. 그 밖에도 '리아스식 해안'이나 '번개 모양', '나뭇가지' 등에서도 프랙탈을 볼 수 있다. 이들은 모두 일부를 잘라 관찰하면 전체 모양이 축소된 닮은 도형을 발견할 수 있다.

눈의 결정에서도 자기 유사성을 지닌 프랙탈을 볼 수 있다.

무엇보다 만델브로트가 발표해 사람들이 깜짝 놀란 것은

'주가변동'이 프랙탈이라는 사실이었다. 주가변동을 1일 단위로 나눴을 때 생기는 꺾은선은 1시간 단위로 나눈 것이나 1분 단위로 나눴을 때 생기는 꺾은선이나 모두 비슷한 모양이다. 만델브로트가 주가변동이 자기 유사성을 지닌 프랙탈 도형임을 보고하자 갑자기 프랙탈에 이목이 집중되었다. 사람들은 주가변동에서 어떤 규칙성을 발견하면 큰돈을 벌 수 있을지도 모른다고 생각하지 않았을까?

●
브라운 운동과 프랙탈

물리학에서도 다양한 프랙탈을 발견할 수 있다. 예를 들면 '브라운 운동'이 있다. 브라운 운동이란 1827년 영국의 식물학자 로버트 브라운이 발견한 현상으로 물속의 꽃가루가 물을 흡수한 뒤 부풀어 파열하면 $1\mu m$(1000분의 1밀리) 정도의 입자가 생기는데 그 입자가 불규칙적인 운동을 한다는 내용이다.

로버트 브라운(Robert Brown, 1773~1858). 스코틀랜드 태생의 영국 식물학자로 1827년에 물에 부유하고 있는 꽃가루가 끊임없이 불규칙적인 운동을 한다는 일명 브라운 운동을 발견하였다. 1831년 난초의 표피에서 세포핵을 발견하는 등 세포학에서도 업적을 남겼다.

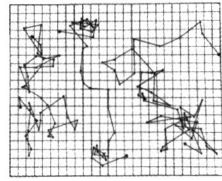
프랑스 물리학자 장 밥티스트 페린이 그린 브라운 운동을 나타낸 그림

브라운은 분자로 이루어진 물이 열운동을 하면서 꽃가루의 분자와 충돌해 입자를 움직이게 하기 때문에 생기는 현상이라고 생각했다. 이 시대에는 아직 분자나 원자의 존재가 가설에 불과했기 때문에 브라운 운동에 관한 이런 견해도 단순한 예상의 수준을 벗어나지 못했다. 이 사실을 증명하는 데 적절한 실험을 고안한 사람이 바로 아인슈타인이다. 아인슈타인의 이 실험이 그 후 완벽히 재현되어 예상한 대로 결과가 나왔다. 그것은 동시에 '분자'라는 존재가 확인되었음을 의미했다.

실은 이 브라운 운동에도 자기 유사성을 지닌 프랙탈이 나타난다. 만일 입자의 위치를 60초 단위로 여러 번 관찰하여 궤적을 그려본다고 하자. 이것은 여기저기 아무렇게나 움직이는 꺾은 선 모양이다. (어린아이가 도화지에 엉망으로 그은 선을 상상하면 된다.) 다음으로 이번에는 1초 단위로 여러 번 관찰한 궤적을 그려본다. 이때 그 그림은 처음 그림을 그대로 축소한 모양이다. 바로 자기 유사성을 지닌 프랙탈이다.

의식적인 것은 아니었다 해도 아인슈타인은 이 사실을 깨달았던 것 같다. 실제 아인슈타인의 브라운 운동에 관한 논문에는 놀랍게도 프랙탈의 성질에 관한 식이 확실하게 기록되어 있다. 앞에서 열한 살이던 아인슈타인이 초등학교 수학시간에 배웠던 닮음을 이용해 피타고라스의 정리를 증명한 에피소드를 소개했는데 어쩌면 이 기억이 그의 뇌리에 남아 있다가 힌트가 되었을지도 모를 일이다.

●

퍼콜레이션(침투현상)과 임계현상: 거듭제곱의 법칙

또 하나 물리학에서 볼 수 있는 프랙탈의 예를 살펴보자. 그것은 퍼콜레이션 침투현상, percolation 이다. 두 개의 전극을 적당한 거리에 두고 마주보게 한 다음, 그 사이에 전압을 건다. 두 전극 사이에 절연물질이 있다면 양극 사이에 당연히 전류가 흐르지 않는다. 여기서 두 개의 전극 사이에 아주 미세한 철가루를 무작위로 뿌린다. 뿌린 철가루가 너무 적으면 두 전극이 연결되지 않으므로 전류가 흐르지 않는다. 그러나 철가루를 서서히 늘리다보면 일정량이 되었을 때, 갑자기 전류가 흐른다. 이것은 양극 사이에 무작위로 뿌린 철가루가 연결되어 전기가 흐를 수 있는 길을 만들었기 때문이다. 이 전기가 흐르게 되는 아슬아슬한 상태를 '퍼콜레이션'이라 한다. 이때 철가루가 만든 길은 주가변동 그래프처럼 (혹은 번개가 치는 모양처럼) 삐쭉삐쭉한 모양이다.

이 현상은 자주 관찰할 수 있다. 현무암에 부은 물이 바깥으로 스며 나오는 것은 퍼콜레이션의 간단한 예이다. 현무암에 구멍이 충분하지 않으면 물이 구멍에서 구멍으로 흐르지 못해 바깥으로 스며 나오지 않지만, 구멍이 많으면 물을 흘려보내는 통로가 생긴다. 또 나무 한 그루에 해충이

그림 3-6
위에 있는 그림은 모눈을 확대한 것. 가운데 그림은 확률 p일 때, 아래 그림은 퍼콜레이션 클러스터를 내려다본 것. (마쓰시타 미쓰구 『프랙탈 물리(I)』에서)

생기면 과수원 전체로 번지는 현상도 퍼콜레이션의 예이다. 나무가 띄엄띄엄 심어져 있다면 어느 지점에서 전염이 멈추겠지만, 나무가 빼곡히 늘어서 있다면 해충은 전체로 번져나간다.

퍼콜레이션은 컴퓨터로 간단히 만들 수 있다. 큰 정사각형을 100×100으로 나눠 모눈을 만 개 만든 다음, 눈금을 확률 p로 무작위로 검게 칠한다. 정사각형에는 흑백 모양이 생길 것이다. 이때 상하 혹은 좌우의 검은 모눈을 이어가다보면 도형이 생기는데 이 도형을 클러스터Cluster라 부른다(《그림 3-6》). 큰 정사각형의 상하 또는 좌우의 변(2개의 전극에 해당한다)을 잇는 클러스터가 존재하는 순간이 바로 퍼콜레이션이다.(전극 사이에 전류가 흐른 것과 대응한다)

확률 p가 작으면, 예를 들어 p가 0.1일 때는 검은 모눈이 너무 작아서 퍼콜레이션을 일으키는 클러스터가 존재할 수 없다. 그러나 확률 p를 서서히 크게 늘리다보면 특정 확률 p(이 경우 0.5928)이 되는 순간, 대형 정사각형에서 서로 마주보는 변이 이어져 침투현상(퍼콜레이션)을 일으키는 클러스터가 생긴다. 이 클러스터를 퍼콜레이션 클러스터라고 한다. 재미있는 점은 퍼콜레이션 클러스터가 신기하게도 자기 유사성을 지닌 프랙탈이라는 점이다. 이 클러스터는 여러 개의 작은 클러스터로

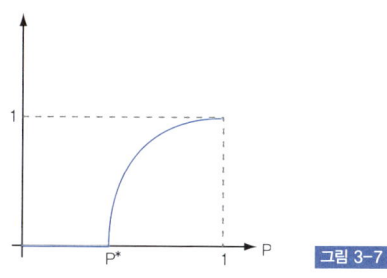
그림 3-7

구성되는데 이들은 모두 전체와 닮은꼴이다.

퍼콜레이션 클러스터가 지닌 또 하나의 특징은 '임계현상'을 표현한다는 점이다. 확률 p로 검게 칠했을 때, 전체 모눈에서 퍼콜레이션 클러스터의 비율이 어느 정도인지 그래프로 나타내보자. 당연히 검은 모눈 안에 섬처럼 고립되어 있거나 퍼콜레이션 클러스터에 속하지 않는 부분도 있으므로 이 비율은 반드시 p와 일치하지 않는다.

p가 p*보다 작을 때(예를 들면 p가 0.3일 때)에는 퍼콜레이션(침투현상)이 일어나지 않으므로 당연히 비율은 0이다. 그러나 p*을 넘으면 비율은 정수가 되어 차츰 증가한다. 그것은 〈그림 3-7〉과 같이 '급격하게 융기'하는 모양이 된다.(이것은 '거듭제곱의 법칙 Power Laws'이라 한다)

이것이 바로 임계현상(p*은 임계확률이라고 한다)인데 구체적으로 다음과 같은 것을 의미한다. 전극에 전압을 걸었던 예로 설명하면, '전류가 흐르기 시작한' 현상은 '흐르지 않은 상태에서 흐르는 상태로 조금씩 옮아가, 어느 쪽이라고 말하기 힘든 애매한 상태에 있는 게 아니라, '전류가 흐르는 곳과 흐르지 않는 곳'이 확실히 구별된다는 뜻이다. 또 나무에 해충이 생기는 예로 설명하면 '과수원 전체가 해충에 전염될 수도 전염되지 않을 수도 있는 중간적 상태'가 있는 게 아니라 '어느 단계를 넘으면 과수원 전체가 해충에 전염된다고 분명히 확인할 수 있다'는 의미다.

●
프랙탈 도형은 실제로 존재할까?

코흐 곡선과 시어핀스키 카펫으로 돌아가 보자. 분명 관찰력이 뛰어난 독자라면 다음과 같은 의문을 갖고 있으리라 생각한다. '코흐 곡선이나 시어핀스키 카펫은 작업을 무한 번 반복한 결과 생긴다. 그런데 앞의 코흐 곡선 그림(〈그림 3-3〉, 〈그림 3-4〉)과 시어핀스키 카펫 그림(〈그림 3-5〉)은 완성된 것이 아니라 중간과정을 그린 것이다. 실제로는 중간에 작업을 그만두었다고 볼 수 있다. 그렇다면 무한 번 작업한 도형이 정말 있을까?

대체로 프랙탈 입문서에서는 이 부분을 생략한다. 코흐 곡선이나 시어핀스키 카펫이 '실제로 존재할까'라는 식으로 애매하게 마무리하는 경향이 있다. 그래서 이 책에서는 '실제로 존재'하는지 좀 더 자세히 설명하고자 한다. 언뜻 보면 어렵게 느껴질 수도 있지만 초등학교에서 배우는 수

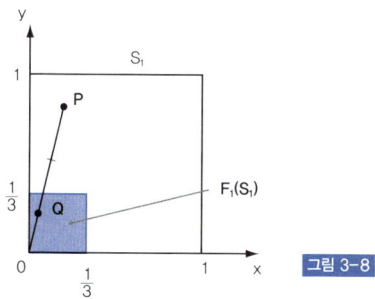

그림 3-8

학과 좌표를 알면 충분히 이해할 수 있다.

우선 시어핀스키 카펫부터 살펴보자. 〈그림 3-8〉과 같은 좌표평면 위에 꼭짓점이 (0,0), (1,0), (1,1), (0,1)이고 한 변의 길이가 1인 정사각형을 S_1이라고 한다. 이것은 가로와 세로가 x축과 y축에 꼭 들어맞는 정사각형이다. 다음으로 정사각형 S_1 내부의 모든 점을 S_1 내부의 다른 점으로 옮기는 다음과 같은 작업 F_1을 생각해보자. F_1은 원점을 중심으로 S_1을 3분의 1로 축소하는 작업이다.(구체적으로 그림과 같이 S_1의 점 P와 원점 O를 선분으로 연결한 다음 선분 OP를 3등분하여 3분의 1이 되는 지점에 선분 OQ를 만들고 점 P를 Q로 옮긴다) 정사각형 S_1의 모든 점을 F_1이라는 작업을 통해 움직인 결과 생긴 점들이 모인 것을 $F_1(S_1)$이라 하면, $F_1(S_1)$은 색이 있는 부분, 즉 원점과 xy축에 꼭 맞으며 한 변이 3분의 1인 정사각형이다.

다음으로 다른 작업 F_2에 의한 점의 이동을 정의해보자.

이것은 정사각형 S_1을 일단 작업 F_1을 이용해 정사각형 $F_1(S_1)$으로 축소한 다음, y축으로 3분의 1만큼 이동시키는 작업이다. 이런 작업을 F_2라 하자. 그리고 F_2에서 정사각형 S_1의 모든 점을 이동시켜 생긴 도형을 $F_2(S_1)$이라고 하면 그 것은 앞의 정사각형 $F_1(S_1)$을 y축으로 3분의 1 이동시킨 것에 불과하다. 이것이 〈그림 3-9〉이다.

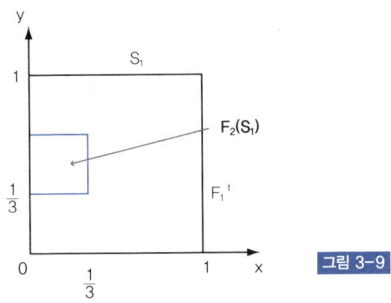

그림 3-9

같은 방법으로 남은 5개를 작업해보자. 이 작업을 반복해 정사각형 S_1의 모든 점을 이동시켜 생긴 도형 $F_3(S_1)$, $F_4(S_1)$, $F_5(S_1)$, $F_6(S_1)$, $F_7(S_1)$, $F_8(S_1)$은 각각 S_1을 9등분해 생긴 정사각형의 왼쪽 위, 중앙 아래, 중앙 위, 오른쪽 아래, 오른쪽 가운데, 오른쪽 위의 정사각형이 된다. 여기서 $F_1(S_1)$~$F_8(S_1)$의 8개의 정사각형을 합병한 도형을 S_2라고 한다. 이 때 S_2는 S_1의 한가운데 정사각형 구멍이 생긴 것과 같다.(〈그림 3-10〉)

그리고 이번에는 이 S_2를 본래 도형과 비교하며 다시 F_1

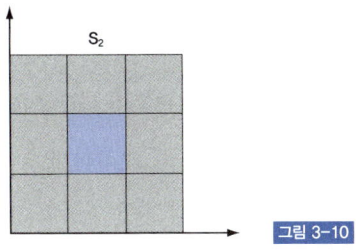

그림 3-10

~F_8의 8개의 작업을 반복하여 8개의 도형 $F_1(S_2)$, $F_2(S_2)$, $F_3(S_2)$, $F_4(S_2)$, $F_5(S_2)$, $F_6(S_2)$, $F_7(S_2)$, $F_8(S_2)$을 만든다. 이것은 S를 3분의 1로 축소한 도형 8개를, 가운데를 뺀 정사각형의 8군데에 놓은 꼴이 된다.

여기까지 오면 독자 여러분도 시어핀스키 카펫과 어떤 관련이 있는지 분명히 알 수 있으리라 생각한다. 위와 같은 방법으로 S_2를 8번 작업해 만든 8개의 도형을 합병해 하나의 도형 S_3이라고 하자. (〈그림 3-11〉)

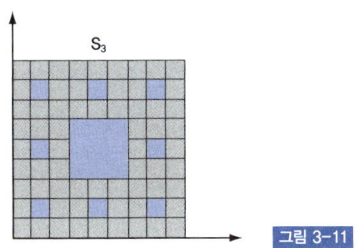

그림 3-11

그럼 이제 슬슬 문제의 급소를 설명해보자. 여기서 정사각형 S_1안의 어떤 임의의 일반 도형 E를 떼어 F_1~F_8을 8번 작업해 도형 E를 이동시켜 완성된 8개의 도형 $F_1(E) \sim F_8(E)$를 합병해 만든 하나의 도형을 간단히 $F(E)$라고 하자. 이 작업 F를 이용하면 앞의 도형도 $S_2=F(S_1)$이나 $S_3=F(S_2)$처럼 간단히 나타낼 수 있으므로 편리하다.

이때 이 작업 F로 변하지 않는 도형 S, 즉 $F(S)=S$를 충족시키는 도형이 바로 시어핀스키 카펫이다. 실제로 정사각형을 9등분하여 한가운데를 없애는 작업을 무한하게 반복한 도형이 존재한다고 하고 그것을 S라 하면 $F(S)=S$를 만족시킨다는 점은 쉽게 상상할 수 있을 것이다. S를 9등분하여 한가운데를 뺀 8개의 정사각형은 전체를 축소한 것이므로 $F_1(S) \sim F_8(S)$와 일치할 것이다. 그러므로 이들 8개를 합병한 도형은 S로 돌아갈 것이다. 즉 '9등분해 한가운데를 없애는 작업을 무수히 반복해 생긴 도형'이란 '작업 F로 변하지 않는 도형'이라고 바꾸어 말할 수 있다.

이제 남은 작업은 $F(S)=S$라는 방정식의 답인 도형 S가 존재하는지 여부다. 그 $F(S)=S$를 만족시키는 S가 실제로 존재한다는 것과 그것이 유일한 도형임을 증명하지 않으면 안 된다. 이것은 수학자들이 확실히 정리해 두었지만, 굉장히 복잡하기 때문에 이 책에서는 생략한다. (수학 마니아를 위해 한마디 하면 $F(S)=S$의 해답 S가 존재하며 그것이 유일하다는 것을 증명하는 데에는 '완비거리 공간의 축소사상정리'라는 것이 이용된다.)

마찬가지로 코흐 곡선도 '축소한 도형을 합병시키는 작업

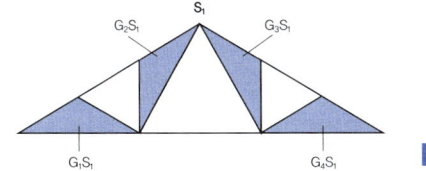

그림 3-12

에 대해 변하지 않는 도형'이라는 특징이 있다고 할 수 있다. 〈그림 3-12〉에서 가장 큰 삼각형을 S_1이라 하자. S_1을 3분의 1로 축소하고 각각 색이 있는 부분에 하는 네 가지 조작을 G_1, G_2, G_3, G_4라 하자. S_1 안의 임의의 도형 E를 G_1, G_2, G_3, G_4로 이동시켜 생긴 4개의 도형을 합병해 하나의 도형으로 만든 것을 G(E)라고 하면(〈그림 3-12〉에서 E=S_1에 대해 색이 있는 부분 전체가 만든 것은 G(E)에 해당한다), G(S)=S를 만족시키는 도형 S가 바로 코흐 곡선이라는 것이다.

그것을 이해하려면 오히려 '색이 있는 부분과 흰 부분' 중 '흰 부분'에 주목해야 한다. G(S_1)이라는 것이 S_1에서 흰 부분 3개를 제외하고 남은 도형이라는 측면에서 보면 알 수 있다. 점점 작아지고 수도 많아지는 정삼각형을 계속 없애다보면 삐쭉삐쭉한 도형이 남는다. 그것이 바로 코흐 곡선이다. (돌로 조각하는 장면을 연상해보자.)

●

코흐 곡선의 길이는 무한, 시어핀스키 카펫의 넓이는 0

이렇게 시어핀스키 카펫이나 코흐 곡선이 실제 존재한다

는 것을 짐작할 수 있다. 그러나 안타깝게도 그것을 눈으로 확실히 볼 수는 없다. 제시한 그림은 어디까지나 몇 번 조작하다 멈춘 '모형'일 뿐이다. 그렇다면 문제는 이들 도형의 '길이'나 '넓이' 등 양적인 부분이다. 그림에서 본 코흐 곡선 '모형'은 분명 길이가 정해져 있다. 그러나 무한하게 조작된 '진짜 코흐 곡선'의 길이나 넓이는 어떻게 될까. 또 그림으로 살펴본 시어핀스키 카펫의 '모형'에는 분명 넓이가 있지만 무한하게 조작할 수 있는 '진짜 시어핀스키 카펫'에도 넓이가 있을까.

우선 코흐 곡선을 생각해보자. 이것은 〈그림 3-4〉를 발전시킨 것으로 보면 된다. 처음으로 준비한 선분 (a)의 길이를 1이라 한다. 한 번 조작해서 그림 (b)를 만들면 길이는 (a)의 3분의 4배이므로 3분의 4가 된다. 다시 (b)의 각 선분에 위와 같은 조작을 하면 각 선분의 길이는 3분의 4배가 되므로 다시 한 번 3분의 4를 곱하면 9분의 16이 된다. 마찬가지로 조작을 할 때마다 길이는 3분의 4배가 되므로 n번 조작하면 3분의 4의 n승이 된다는 것을 알 수 있다. 3분의 4는 1보다 큰 수이므로 곱하면 계속 커진다(대체로 30%씩 증가). 따라서 무한한 조작을 반복한 결과인 코흐 곡선 전체 길이는 '무한'이다.

시어핀스키 카펫에서는 이와 반대 현상이 일어난다. 1회 조작으로 각 정사각형에서 9분의 1이 사라지므로 넓이는 9분의 8배가 된다. 이것은 1보다 작은 수이므로 조작을 반복할 때마다 넓이가 작아져 (대체로 10%씩 감소) 무한한 조작을 반복한 결과 넓이는 0이 된다.

●
'차원'을 통해 프랙탈의 이미지를 파악하다

따라서 코흐 곡선이나 시어핀스키 카펫의 진짜 모양은 〈그림 3-3〉, 〈그림 3-4〉, 〈그림 3-5〉를 통해 우리가 상상한 이미지와 상당히 다르다는 사실을 알 수 있다. 코흐 곡선은 무한하게 반복되는 삐죽삐죽한 도형으로 그 길이가 무한하다. 이런 상상을 해보자. (폭이 없는) 한없이 긴 끈을 평면 위의 일정한 구역에서 삐져나오지 않도록 붙인다. 삐져나오지 않게 하려면 매우 꼼꼼하게 접으면서 꾹꾹 눌러야 한다. 그렇게 완성된 도형은 '선'이라기보다 '선을 번지게 한 것' 혹은 '잉크 얼룩이 퍼진 모양'처럼 보일 것이다. 이것은 코흐 곡선의 정체를 모르더라도 시각을 달리해 상상해 볼 수 있는 일이다.

시어핀스키 카펫도 비슷하다. 정사각형을 1개, 8개, 64개…… 서서히 없애다 보면 무한 개의 선분이 종횡무진 교차하는 도형이 남는다. 구멍이 뚫린 판자라기보다는 선으로 짠 돗자리를 상상해보는 게 좋겠다.

그렇다면 이렇게 막연하게 '말로 설명한 이미지'가 아니라 이들 도형을 좀 더 정확히 이해할 수 있는 방법은 없을까. 이에 관해 수학자들은 그야말로 기발한 생각을 해냈다. 바로 도형에 '차원'을 정의하는 것이다. 알다시피 1차원 공간은 직선을 공간으로 보았을 때 그 공간의 크기(자유도)를 말한다. 1차원에서는 한 방향으로 가거나 돌아갈 수밖에 없으므로 직선 공간에서 양을 측정할 때는 '길이'를 사용한다. 예를 들어 미터(m)는 그 단위 가운데 하나다.

2차원 공간은 평면을 공간으로 보았을 때 그 공간의 크기(자유도)를 말한다. 2차원에서는 전후좌우 사선으로 이동할 수 있으므로 양을 측정할 때는 '넓이'를 사용한다. 단위로는 제곱미터(m^2)를 쓴다. 2차원 공간에는 무수한 1차원 공간이 들어있다.

여기서 주목해야 할 점은 '차원'의 숫자를 '미터(m)의 지수'로 표현한다는 것이다. 이것은 나중에 아주 중요한 역할을 한다. 수학자들은 n차원의 n이 도형의 대략적인 모양, 즉 '크기'나 '이동의 자유'를 나타낸다면 자기 유사성을 지닌 프랙탈 도형의 형태도 '차원'으로 추정할 수 있으리라 생각했다.

코흐 곡선은 선분을 계속 접은 것이므로 1차원 '이상'의 도형이다. 그러나 무한하게 접어 빈틈없이 채웠으므로 1차원보다 '조금 높은' 차원일 것이다. 하지만 평평한 평면을 빈틈없이 채운 것은 아니기 때문에 2차원보다는 낮다고 볼 수 있다. 다시 말해 '코흐 곡선은 1차원과 2차원 사이에 있으리라' 짐작할 수 있다.

마찬가지로 '시어핀스키 카펫도 1차원과 2차원 사이' 임을 미루어 짐작할 수 있다. 정말 그럴까, 정말 그렇다면 그 차원은 어떻게 찾아낼 수 있을까? 본래 n이 정수가 아닌 차원이라면 어떻게 정의해야 할까. 이 문제에 대해 수학자 하우스도르프Felix Hausdorff, 1868~1942는 획기적인 아이디어를 냈다.

프랙탈 도형의 차원을 정의하는 아이디어를 낸 수학자 펠릭스 하우스도르프

● 프랙탈은 몇 차원?

하우스도르프가 프랙탈 도형에 '차원'을 정의하는 그 기발한 방법부터 살펴보자. 우선 '차원의 특징'을 이해하기 위해 정사각형을 살펴보자. 정사각형 S의 각 선분을 이등분하면 4개의 정사각형이 생긴다. 이것은 S를 2분의 1배 축소한 것이므로 '크기 2분의 1인 정사각형'이라고 하자. 정사각형 S는 이 '크기 2분의 1인 정사각형' 4개 S_1, S_2, S_3, S_4가 서로 겹치지 않고 들어가 있는 것임을 〈그림 3-13〉을 통해 알 수 있다.

그림 3-13

한편, 앞에서 설명한 '닮음과 넓이의 법칙'에 따라 S를 k배 확대한 도형의 넓이는 S 넓이의 k^2배이므로 S_1, S_2, S_3, S_4의 넓이는 각각 S넓이에 대해서 '확대비의 제곱' = '2분의 1의 제곱' =4분의 1이 된다. 이 두 가지 성질을 응용하면 다음과 같은 등식이 성립된다.

$$(\frac{1}{2})^2 + (\frac{1}{2})^2 + (\frac{1}{2})^2 + (\frac{1}{2})^2 = 1$$

이 식을 해석하면 '정사각형을 반으로 축소한 정사각형을 4개 모으면 자기 자신을 재구성할 수 있다'가 된다. 이를 차원과 조각의 개수에 관한 법칙이라 한다.

> **차원과 조각의 개수에 관한 법칙**
> 축소 비율을 차원으로 거듭제곱한 뒤, 조각의 개수만큼 더하면 1이 된다.

당연해 보이는 이 법칙은 낯선 도형의 '차원'을 구할 때 역이용할 수 있어 편리하다. 예를 들어 다음과 같은 도형 X를 생각해보자.

'도형 X는 크기 2분의 1인 닮은꼴 8개로 채워 넣을 수 있다'

이 도형 X의 차원 m은 얼마일까.

여기서 이 '차원과 조각의 개수에 관한 법칙'을 역이용하여

$(\frac{1}{2})^m + (\frac{1}{2})^m + (\frac{1}{2})^m + (\frac{1}{2})^m + (\frac{1}{2})^m + (\frac{1}{2})^m + (\frac{1}{2})^m + (\frac{1}{2})^m$ =1을 만족시키는 m을 구하면 된다. 구체적으로 계산해보자.

우선 m=1을 대입한다. 좌변은 4가 되므로 1과 등식이 성립되지 않는다. 즉 1차원은 아니다.

m=2를 대입해보아도 좌변은 2이므로 1과 등식이 성립되지 않는다. 따라서 2차원도 아니다.

m=3일 때, 좌변은 1이 되므로 등식이 성립된다. 즉 도형 X는 3차원임을 알 수 있다. 실제 〈그림 3-14〉와 같이 정육면체는 크기 2분의 1인 정육면체 8개가 빼곡히 들어가 완성된 것이므로 이것이 실례가 된다.(각설탕 8개를 쌓은 그림을 상상해보자.)

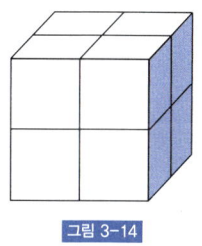
그림 3-14

●
프랙탈의 차원을 구하는 방법

이제 '차원과 조각의 개수에 관한 법칙'을 이용해 프랙탈 도형에 차원을 도입해보자. 우선 시어핀스키 카펫부터 살펴보자. 시어핀스키 카펫을 도형 S라고 하면, S는 자신을 3분의 1로 축소한 크기 3분의 1인 도형 8개로 채울 수 있다고 설명했다. 구체적으로는 〈그림 3-15〉와 같은 과정으로 3분의 1배 축소해 생긴 8개의 도형을 합병하면 본래의 도형 S가 된다는 뜻이다.(〈그림 3-16〉)

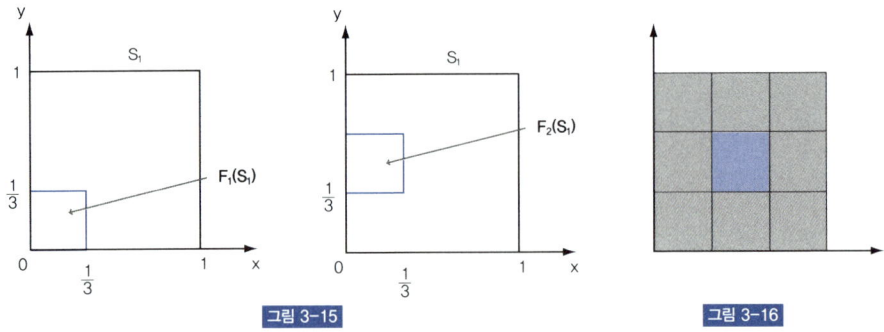

그림 3-15   그림 3-16

이렇게 '차원과 조각의 개수에 관한 법칙'을 이용할 준비가 되었다. 도형 S는 S의 3분의 1인 도형 8개로 채울 수 있으므로 도형 S의 차원을 m이라고 하면

$$(\frac{1}{3})^m + (\frac{1}{3})^m + (\frac{1}{3})^m + (\frac{1}{3})^m + (\frac{1}{3})^m + (\frac{1}{3})^m + (\frac{1}{3})^m + (\frac{1}{3})^m = 1$$

즉, $(\frac{1}{3})^m \times 8 = 1$ ……①을 만족시키게 된다. m을 찾아보자.

m에 1을 대입해보자. 좌변은 3분의 8이므로 1보다 커서 등식이 성립하지 않는다. 즉 1차원은 아니다. 예상한 결과다. 다음으로 m에 2를 넣어본다. 좌변은 9분의 8이므로 이번에는 1보다 작아서 등식이 성립하지 않는다. 2차원도 아닌 것 같다. 따라서 좌변이 1이 되는 m은 1과 2 사이의 숫자임을 알 수 있다. 즉 '시어핀스키 카펫의 차원은 1차원보다 높지만 2차원보다는 낮다'는 우리의 직감이 증명되었다. 실제로 함수계산기나 엑셀로 m을 구하면 약 1.89이다.

즉 시어핀스키 카펫은 약 1.89차원이라고 생각하면 된다. 이것은 2차원보다 낮기 때문에 '넓이'가 없다. 그러나 2차원에 상당히 가까워서 무수히 교차하는 직선들이 돗자리 같은 모양을 만들어내고 있음을 알 수 있다.

마찬가지로 코흐 곡선의 차원을 찾아보자. 코흐 곡선은 〈그림 3-12〉와 같이 전체를 축소해 색이 있는 부분에 놓을 수 있는 4개의 함수 G_1, G_2, G_3, G_4가 있으며 이들이 만든 4개의 닮은꼴은 전체를 채울 수 있다. 이 4개의 축소된 닮은꼴은 살펴본 바와 같이 크기가 3분의 1인 도형이다. 따라서 '차원과 조각의 개수에 관한 법칙'에 따라 $(\frac{1}{3})^m+(\frac{1}{3})^m+(\frac{1}{3})^m+(\frac{1}{3})^m=1$ 즉, $(\frac{1}{3})^m \times 4 = 1$을 만족시키는 m이 코흐 곡선의 차원임을 알 수 있다.

이것을 만족시키는 m은 약 1.26이다. 이렇게 코흐 곡선은 약 1.26차원임을 알 수 있다. 따라서 1차원보다 높기 때문에 코흐 곡선은 '선'이 아니다. 그러나 2차원(평면)과는 차이가 많이 나므로 좀 동떨어진 것이라 짐작할 수 있다. 또 시어핀스키 카펫의 차원보다도 낮기 때문에 시어핀스키 카펫과 비교해도 '거리가 먼', 상당히 낮은 차원임을 알 수 있다. 이와 같은 방법으로 정의한 차원을 '프랙탈 차원'이라고 한다.

리아스식 해안 그리고 가옥에 나타난 프랙탈

이로써 우리는 자기 유사성을 지닌 프랙탈 도형에 차원을 정의하는 방법을 알아냈다. 이 방법을 이용하면 수학적인 프랙탈 도형뿐 아니라 자연에서 볼 수 있는 프랙탈 도형을 프랙탈 차원으로 계산할 수 있다. 만약 진실로 프랙탈 차원을 계산할 수 있다면 자연 경관을 보다 새로운 관점에서 인식할 수 있으리라.

예를 들어 '리아스식 해안'이 자기 유사성을 지닌 프랙탈이라는 것을 생각해보자. 〈그림 3-17〉은 마쓰시타 미쓰구松下貢의 책 『프랙탈 물리I』에 나온 일본 미야기현 오시카 반도의 해안선을 그린 도면이다. 해안선 일부를 확대해 자세히 살펴보면 전체와 닮은 들쭉날쭉한 모양이 나타나 프랙탈 도형 같다는 느낌이 든다. 마쓰시타는 '차원과 조각의 개수

그림 3-17
오시카 반도 서부 해안선을 차례로 확대한 그림

$\frac{1}{224000}$ $\frac{1}{140000}$ $\frac{1}{75000}$ $\frac{1}{25000}$

에 관한 법칙'에 따라 해안선의 프랙탈 차원을 계산하면 약 1.3차원이 된다고 했다. 즉 리아스식 해안의 삐죽삐죽한 느낌은 코흐 곡선에 가깝다는 사실을 알 수 있다.

해안선이 프랙탈이라는 것은 무엇을 의미하는가. 해안선은 바다와 육지의 경계를 나타낸다. 그 차원이 '1'로 딱 떨어진다면 바다와 육지를 선으로 나눌 수 있으므로 '바다와 육지의 경계를 확실히 구별할 수 있다'는 의미다. 그러나 해안선의 프랙탈 차원이 '1.3'이라는 것은 그보다 좀 '경계가 애매하다'는 뜻으로 해석할 수 있다.

한편 건축가 아시하라 요시노부 芦原義信는 일본 가옥은 이런 프랙탈의 성질을 살린 건축물이라고 했다. 일본 가옥은 '경계가 애매하다'는 뜻이다. 예를 들면 옛날 평범한 일본 가옥에는 처마나 툇마루가 있었다. 이것은 집 안팎의 경계선에 위치한 일종의 '공동 공간'인 동시에 소통의 장이었다. 또한 아시하라는 '베란다에 빨래를 말리는' 풍경을 가난함의 상징으로 보는 부정적인 시각에서 벗어나, 일본 고유의 '애매한 경계성'의 발로라 해석했다.

프랑스의 건축가 르코르뷔지에

이런 아시하라의 도시론은 르코르뷔지에 Le Corbusier, 1887~1965의 합리주의 · 기능주의적 도시론에 대한 안티테제라 할 수 있다. 르코르뷔지에는 도시 설계에서는 기능성을 우선시해야 하며 거기에 고유의 아름다움이 깃든다고 주장했다. 그는 이런 생각을 바탕으로 실제로 여러 도시를 설계했다. 르코르뷔지에가 설계한 도시는 네모반듯한 격자형 도

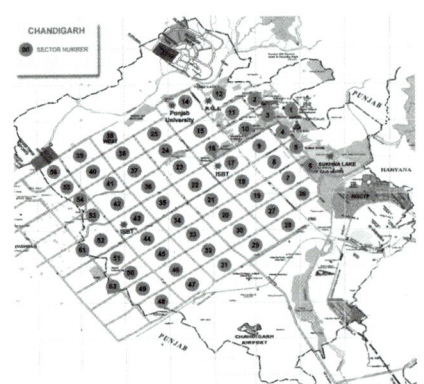

르코르뷔지에는 집은 살기 위한 기계라는 생각을 가지고 도시와 공간을 설계했다. 찬디가르의 지도인 이 그림은 기능주의적 합리성이 잘 드러난 르코르뷔지에의 도시 설계를 보여준다.

로와 구획을 기능별로 정리한 존zone으로 구성되었다. 그러나 이들 가운데 프루이트 이고단지(세인트루이스)나 찬디가르(인도) 등의 도시는 실패작으로 지적받고 있다. 기능을 최우선으로 한 도시는 비인간적이어서 교통사고나 범죄가 빈발하는 '차디찬 도시 공간'이 되고 말았다.

아시하라는 이런 서양의 합리주의적 도시설계에 맞서 일본 가옥이 상징하는 도시 본연의 모습에 대해 주장했다. 핵심 사상은 일본 가옥이 지닌 '경계의 애매함'인데 그것을 재평가하는 데 '프랙탈'이라는 수학 개념이 이용되었다는 것은 매우 흥미로운 사실이다.

● 프랙탈로 파헤친 경제사회의 비밀

프랙탈이라는 패턴 인식을 아시하라처럼 사회를 바라보는 시각으로 활용한 사례가 또 있을까? 가장 중요한 응용 사례는 퍼콜레이션으로 볼 수 있는 임계현상일 것이다. 예를 들면 경제사회에서는 어느 한 해를 기점으로 호황과 불황이 엇갈린다. 일본 국민은 거품경제에서 1990년대 약 10

년간 지속된 전후 최장의 경기 침체기였던 헤이세이 불황으로 급변한 뼈아픈 경험을 아직 생생하게 기억한다. 왜 이런 현상이 일어나는 걸까.

실제로 수리경제학자 호세 셰인크먼J. A. Sheinkman과 마이클 우드포드M. Woodford는 1994년 공동 논문에서 퍼콜레이션으로 구상한 모델을 제시했다. 그것은 폴 크루그먼의 저작 『자기 조직의 경제』에도 인용되었다. '퍼콜레이션과 임계현상'에 대해 설명하며 사용한 흑백 모눈(〈그림 3-6〉의 위)을 이용해 그들이 제시한 모델을 설명해보자.

100×100의 모눈 경계선이 되는 101개의 각 세로선 위에 기업이 있다고 하자. 기업은 자신보다 한 칸 왼쪽 경계선에 있는 두 기업에서 상품을 구입하고 그것을 투입해 2개의 자사 제품을 만들 수 있다. 재고는 1개까지 가질 수 있다고 가정한다. 자신보다 한 칸 오른쪽에 있는 기업에서 주문이 들어왔을 때 재고가 1개 있는 상태라면 그것을 판매하고 나면 재고는 0이 된다. 한편 재고가 없다면 자신의 왼쪽 기업에서 구입한 2개의 상품을 투입해 자사 제품을 2개 만들고 그 가운데 1개를 주문한 곳에(오른쪽 기업에) 판다. 그러면 재고는 1개가 남는다.

이것은 다음과 같이 바꾸어 쓸 수 있다. 검정 모눈은 재고가 없는 상태, 하얀 모눈은 재고가 있는 상태라 하자. 그림 퍼콜레이션 클러스터가 존재하지 않는 상태란 정사각형의 변을 이을 수 있는 검은 모눈의 경로가 존재하지 않는 상태로, 흰 모눈이 부분부분 경로를 단절시킨 꼴이다. 이 상태에서는 가는 곳마다 기업이 재고를 갖고 있어서 최종 섹터에서 발주한 주문은 연쇄작용을 일으키지 못한다. 재고를 안고 있던 기업이 재고를 처분하면 끝이기 때문이다. 즉 상품 수요가 기업의 활발한 생산활동으로 이어지지 않는다(불황).

한편 퍼콜레이션 클러스터가 존재하는 상태란 검은 모눈을 이어 정사각형의 변(이 경우는 좌우의 변)을 이을 수 있다는 의미다. 이것과 대응하는 것은 최종 섹터(소비자에게 가장 가까운 맨 오른쪽 기업)에서 발주한 주문이 모든 단계의 기업에 생산을 유발하여, 생산이 주문을 불러오고 주문이 생산을 촉진시키는 연쇄효과가 일어난다는 의미다(호황).

상전이

상전이란 물리학에서 액체가 고체로 변화하는 것과 같이 화학적·물리적인 상태가 전환되는 것을 말한다. 다시 말해 물질이 온도나 압력 등과 같은 외부 변수의 변화로 그 물리적인 상태가 바뀌는 것을 의미한다. 전형적인 예로 얼음에 열을 가하면 물로 또 더 높은 열을 가하면 수증기로 되는 것을 들 수 있다. 이때 분자들의 결합 형태나 물리적 성질이 변화한다. 다음 그림은 물리적 상태에 따른 분자들의 결합 형태를 보여준다.

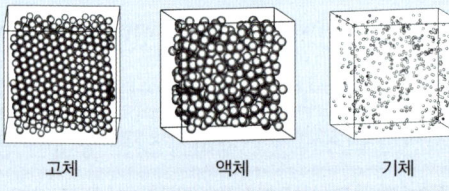

고체   액체   기체

이렇게 흑백 모눈으로 바꾸어본 경제 모델은 호황과 불황이 불명확한 전이 상태가 아니라 뚜렷하고 명확한 '상전이 phase transition'일 가능성이 있음을 시사한다. 또한 이 모델을 통해 전체적으로 재고의 양은 임계치에 가까워지는 성향이 있음을 알 수 있다. 즉 경제는 언제나 임계치 부근의 상태에 있다고 봐도 무방하다. 따라서 경제를 조금만 흔들면 그것은 생산 상태에까지 큰 영향을 미친다. 왜냐하면 임계치를 넘어 그 아래로 가면(검은 모눈이 감소해 퍼콜레이션 클러스터가 끊긴다), 경제는 갑자기 호황에서 불황으로 떨어지고 반대의 경우에는 불황을 탈출해 호황을 맞이하기 때문이다. 이 모델을 과감하게 해석하면 자본주의라는 경제체제 자체는 불안정한 측면이 강하다는 주장과 일맥상통한다.

이렇게 경제사회를 '자기 조직화 현상'으로 본다면, 다시 말해 스스로 내부에 질서를 만들어 전체를 구성하는 메커니즘이 존재한다는 관점에서 경제사회를 해석할 때, 프랙탈은 빼놓을 수 없는 도구가 된다.

제4장

단순한 수학 아이디어로 파헤치는 경제의 비밀

수학으로 생각한다

●
시간당 우리가 하는 일은 얼마나 될까?

이 장에서는 단위 시간에 이루어지는 일의 양에 관한 문제와 그 변형 문제인 뉴턴의 문제를 다룰 것이다. 이 문제는 초등학교 수학에 자주 등장하는 문제인데 중·고등학교 수학에서는 거의 볼 수 없다. 그러나 그 발상은 경제학자인 필자에게 매우 흥미롭게 느껴진다. 4장에서는 단위 시간에 이루어지는 일의 양에 관한 문제와 뉴턴 계산에서 최신 경제이론까지 살펴볼 생각이다. 우선 다음 문제를 보자.

문제 1   A가 혼자 방청소를 하면 45분이 걸리고 A와 B가 같이 하면 18분이 걸린다. 만약 B가 혼자 청소를 하면 몇 분이 걸릴까?

이 문제는 중학교 이상의 수학에 거의 등장하지 않는 단위 시간에 이루어지는 일의 양을 다룬다는 점이 재미있다. 그러나 시간에 이루어지는 일의 양에 관한 생각은 수학과 상관없이 살아가는 사회인의 일상 생활 속에 언제나 존재한다. '제대로 일 좀 해볼까' 라든지 '혼자 세 사람 몫을 한다' 는 말은 흔히 쓰는 표현이다.

단위 시간에 이루어지는 일의 양을 계산하려면 '전체 일'에 단위를 매겨 '한 사람이 1분 동안 얼마나 일을 할 수 있는지', 다시 말해 '1분 동안 할 수 있는 일의 양' 을 산출해야 한다. 예를 들어 〈문제 1〉에서는 방청소라는 일의 '양' 부터 정해야 한다. 한마디로 '방청소' 라고 하지만 어질러진 잡지나 CD 정리부터 청소기 돌리기, 책상 닦기까지 청소에는 다양한 작업이 포함된다. 이 모든 작업을 한데 묶어 시간당 이루어지는 일의 '양' 으로 설정하는 것은 상당히 추상적인 일이다. 바로 이런 이유 때문에 해법을 구하기가 곤란하기도 하다.

이 문제를 해결하는 요령은 일의 양을 적절한 단위로 설정하는 데 있다. 나눗셈 결과가 분수가 되지 않도록, 여기서는 전체 일의 양을 45와 18의 최소공배수인 90으로 정한다.

A가 일을 마치려면 45분이 걸리므로 1분 동안 90÷45=2단위의 일을 한다고 볼 수 있다. A와 B가 같이 하면 18분 걸리므로 둘이서 1분 동안 한 일은 90÷18=5단위임

을 알 수 있다. 따라서 B가 1분 동안 혼자 한 일은 5-2=3 단위이다. 그러므로 B가 혼자 일(90)을 끝내려면 90÷3=30, 30분이 걸린다.

● 상상력으로 복잡한 문제를 단순화하라

〈문제 1〉은 단위 시간에 이루어지는 일의 양에 관한 기초적인 문제다. 그러나 응용문제는 좀 더 복잡해지기 마련이다. 다음은 전형적인 응용문제인데 짐작했겠지만 읽다보면 머리가 복잡해질 수도 있다.

문제 2 그림과 같이 물이 들어있는 수조에 수도꼭지 A, B와 배수구 C가 있다. 조건은 다음과 같다.

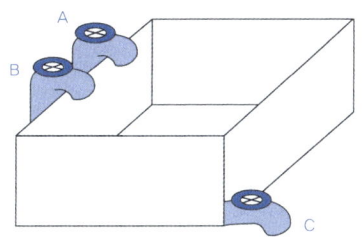

- 수도꼭지 A, B는 틀고 배수구 C를 막으면 6분 만에 수조에 물이 가득 찬다.
- A, B, C를 모두 열어두면 9분 만에 수조가 가득 찬다.

- 우선 A, B는 틀고 C를 막는다. 4분 후에 B를 잠그고 C를 열면 8분 만에 수조가 가득 찬다.

(1) 수조에 물이 가득 찼을 때, A와 B는 잠그고 C를 열면 수조에 있는 물은 몇 분 만에 없어지는지 구하라.
(2) B, C는 잠그고 A를 틀면 몇 분 몇 초 만에 수조가 가득 차는지 구하라.

시험만 아니라면 생각도 하기 싫은 성가신 문제다. 이 문제는 단순히 '시간에 이루어지는 일의 양을 구하는 법을 제대로 이해하고 있는지' 묻는 게 아니다. 상황이 복잡한 문제를 어떤 식으로 정리할 수 있는가, 즉 문제 해결에 대한 집념까지 묻고 있다. 이 문제에서는 사람을 대신해 수도꼭지가 일을 한다. 그렇다면 역시 앞의 문제와 비슷한 문제임을 알 수 있다. 이 문제의 재미는 '배수구'의 존재에 있다. 즉, 해야 할 일은 '수조를 가득 채우는 것'이고 수도꼭지 A와 B는 '일하는 사람', 배수구 C는 '일을 방해하는 사람' 또는

'일이 줄어드는 것'으로 볼 수 있다. 문제를 풀어보자.

수조에 물이 가득 찼을 때의 양을 36단위라고 하자. 우선 첫 번째 'A, B는 틀고 C를 막으면 6분 만에 수조가 가득 찬다'는 조건에서 A와 B가 1분 동안 채운 물의 양은 36÷6=6단위임을 알 수 있다.

다음으로 두 번째 'A, B, C를 모두 열어 두면 9분 만에 수조가 가득 찬다'는 조건을 통해 1분 동안 A와 B가 채운 물에서 C가 배수한 양을 빼면 36÷9=4단위가 남는다는 것을 알 수 있다. 따라서 C가 1분 동안 배수한 물은 6-4=2단위이다. 또 수조에 가득 찬 물이 C로 배수되어 완전히 없어지려면 36÷2=18분이 걸린다. 이것이 (1)의 답이다.

다음은 세 번째 '우선 A, B는 틀고 C를 막는다. 4분 후에 B를 잠그고 C를 열면 8분 만에 수조가 가득 찬다'는 조건을 생각해보자. '우선 A, B는 틀고 C를 막아' 4분 동안 물을 채웠으므로 물은 6×4=24단위 들어간다. 따라서 수조를 가득 채우는 데 필요한 물의 양은 36-24=12단위이다. 이것을 'B만 잠그고 C를 열어' 4분 만에 채웠으므로 1분 동안 수조에는 12÷4=3단위의 물이 들어갔음을 알 수 있다. 이것은 1분 동안 A가 채운 양에서 C가 배수한 양을 뺀 값이다. C가 1분 동안 배수한 양은 2단위이므로 A가 1분 동안 채운 양은 3+2=5단위이다. 따라서 A만으로 수조를 채우는 데에는 36÷5=7.2분, 7분 12초 걸린다. 이것이 (2)의 답이다.

소는 언제 초원의 풀을 다 뜯어먹을까?: 뉴턴의 문제

뉴턴도 이와 유사한 문제를 다루었다. 뉴턴은 초원에서 소가 풀을 뜯는 한편 새로운 풀이 돋아난다는 설정을 하고 문제를 생각했다. 새로운 풀이 돋아나는 속도와 소가 뜯어먹어 없어지는 속도의 균형을 파악해 문제를 해결하면 된다. 유사한 문제로 다음과 같은 문제를 한 번 풀어 '입장객의 수'를 구해보자.

문제 3 수족관 개관을 앞두고 60명이 줄을 서있으며 줄은 1분에 4명씩 늘어난다. 입구가 1개일 경우, 10분이면 줄은 없어진다. 1분 동안 이 입구로 입장하는 사람은 몇 명인지 구하라.

이 문제를 뉴턴이 생각했던 문제와 비교하면 소가 뜯는 풀의 양은 입장객, 입구에 새로 오는 사람은 돋아나는 풀에

해당한다. 뉴턴의 계산을 풀려면 우선 '어째서 줄이 없어지는지' 생각해야 한다. 시간이 지나면서 사람들이 계속 오기 때문에 줄은 길어질 가능성이 있다. 그렇다. 단위 시간당 새롭게 줄을 서는 사람보다 입장객 수가 많기 때문에 줄은 서서히 줄어들다가 없어진다. 이 관점이 문제를 푸는 핵심이다. 풀이는 다음과 같다.

처음에 60명이던 줄이 일정한 속도로 줄어들어 10분이면 없어진다. 따라서 줄은 1분 동안 60÷10=6명씩 감소한다. 새롭게 줄서는 사람은 1분에 4명씩 늘어나므로 1분 동안 입장하는 사람은 6+4=10명이다.

이런 생각을 〈그림 4-1〉과 같이 살펴보자. 먼저 1분 동안 일어나는 변화를 생각해본다. 줄을 선 사람이 일정한 수 입장할 수 있는데 줄이 얼마만큼 줄어드는지 계산하려면 입장

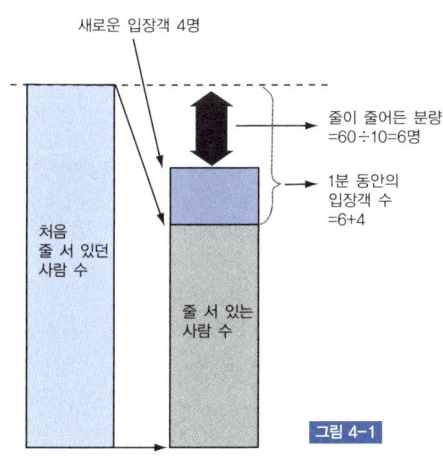

그림 4-1

객 수뿐 아니라 새롭게 줄을 선 사람까지 생각해야 한다. 따라서 그림에 나타난 두꺼운 화살표는 실제로 줄어든 줄을 나타낸다. 매분 일정한 속도로 줄이 줄어들어 처음 60명이 었던 줄이 10분 만에 사라지므로 두꺼운 화살표가 나타내는 사람 수를 구할 수 있다. 이 그림은 뒤에서 경제성장이론을 설명할 때에도 아주 유용하므로 잘 이해해두기 바란다.

그럼 뉴턴 계산을 응용한 문제도 살펴보자.

문제 4 유원지 개관 시간을 앞두고 69명이 기다리고 있다. 이 줄은 10초에 1명씩 늘어나는데 창구가 한 개일 때, 줄은 11분 30초 만에 없어진다. 창구가 2개일 때, 줄은 몇 분 몇 초 만에 없어지는지 구하라.

해답은 다음과 같다.

69명이 서있는 줄은 11분 30초(=690)초 만에 사라지므로 1초 동안 $69 \div 690 = 0.1$명씩 줄어든다. 한편, 줄은 10초에 1명씩 늘어나므로 1초에 0.1명씩 늘어나는 꼴이다. 따라서 1초 동안 입장한 사람은 $0.1 + 0.1 = 0.2$명이다. 창구를 2개로 늘리면 1초당 입장객 수는 $0.2 \times 2 = 0.4$명이 된다. 이때 줄은 몇 초 만에 없어질까.

여기서 잠깐 〈문제 2〉에서 물을 채운 상황을 생각해보자. 수도꼭지 A가 입장객, 배수구 C가 새로 온 사람에 해당한다고 보면 쉽게 풀 수 있다. 창구가 2개라면 1초 동안 0.4명이 입장할 수 있다. 한편 새로 온 사람은 0.1명이므로 줄을 선 사람은 1초당 0.4-0.1=0.3명씩 줄어든다. 따라서 처음 69명이던 줄이 없어지려면 69÷0.3=230초가 걸린다. 즉 답은 3분 50초이다.

●
GDP와 투입 산출의 메커니즘

단위 시간에 이루어지는 일의 양이나 뉴턴의 계산법은 본래 경제사회를 바탕으로 한 문제이므로 경제학에서 활용한다고 해도 이상할 것이 전혀 없다. 그럼 실제 경제학에서는 어떻게 활용하는지 살펴보자.

이들 계산을 바탕으로 성립된 분야가 '경제성장이론'이다. 경제성장 문제는 오래전부터 역사적 관점에서 논의되어 왔다. 그러나 수리과학적 관점에서, 근대화된 경제학 영역에서 다루게 된 것은 비교적 최근의 일로 1939년 로이 해러드의 논문이 계기가 되었다.

수리과학적 관점에서 경제성장 문제를 다룬 경제학자 로이 해러드(R.F. Harrod, 1900~1978)

이 경제성장이론에서 가장 주목하는 경제지표는 '경제성장률'이다. 국내총생산GDP은 경제 뉴스에 자주 등장하는 용어로, 1년 동안 국내에서 새로 생산된 모든 부(富, 재화와 용역의 순가치)를 돈으로 평가한 수치다.

GDP가 작년보다 몇 퍼센트(%) 증가했는지를 나타낸 것이 '경제성장률'이다. 예를 들어 작년 일본의 GDP가 500

GDP

국내에서 일정한 기간 내에 발생된 재화와 용역의 순가치를 생산 측면에서 포착한 총합계액이다. GNP가 국민에 착안한 통계라면 GDP는 한 국가 내의 생산에 기반한 통계이다. 외국인이 한국에서 생산한 것은 GDP에 포함되지만 GNP에는 포함되지 않는다. 한국인이 외국에서 생산한 것은 GNP에는 포함되지만 GDP에는 포함되지 않는다. 한국인의 해외 소득과 외국인의 국내 소득과의 차액이 해외순소득이라면, GDP의 계산은 국민총생산 GNP에서 해외순소득을 공제한 것과 같다.

조 엔이었고 올해 510조 엔이라면 증가한 10조 엔은 작년 GDP의 2%에 해당하므로 경제성장률은 2%가 된다. 얼마 전까지 일본의 경제성장률은 마이너스였다. 전년과 비교해 생산된 재화와 용역의 가치가 떨어지는 유례없는 현상과 맞닥뜨리자 국회나 신문, TV뉴스는 매일같이 술렁였다. 그럼 이 경제성장률과 단위 시간에 이루어지는 일의 양에 관한 문제, 뉴턴의 계산은 어떤 관련이 있을까. 그렇다. '유입'과 '누출'의 메커니즘이 상당히 비슷하다.

국가경제는 '노동', '원료', '기계', '설비' 등을 투입 input 해 산출 output 된 부富를 소비하거나 생산에 다시 이용하는 구조다. 즉 유입과 누출 과정 그 자체다. 경제가 (플러스) 성장한다는 것은 유입 증가분이 누출 증가분보다 많아, 시간이 지나면서 부가 축적된다는 의미다.

이 과정을 사람이 살이 찌거나 마르는 현상에 비유해보자. 사람은 음식을 섭취하여 체내에 에너지를 축적하고 활동을 하여 소비한다. 축적한 에너지가 소비한 에너지보다 많으면 살이 찐다. 이것이 플러스 성장이다. 반대의 경우에는 살이 빠진다. 마이너스 성장이다.

쉽게 이해하는 경제성장의 구조

이제부터 단위 시간에 이루어지는 일의 양을 계산하는 문제와 뉴턴의 계산을 발전시킨 경제성장이론을 해설하고 일본 경제의 장기 침체를 설명하는 가설을 살펴볼 예정이다. 우선 그것을 이해하는 데 필요한 지식으로, 기초적인 개념이지만 대단히 중요한 지식부터 살펴본다.

우리는 생산된 부를 대부분 소비하지만, 쓰지 않고 남겨두는 것도 있다. 이것이 축적이다. 흔히 부를 축적할 때에는 앞날의 소비 계획을 세우고 의사결정을 한다. 주로 '내 집 마련'처럼 큰돈이 들어가는 물건을 사기 위해, 병에 걸릴 때를 대비해서, 혹은 넉넉한 노후를 위해 돈을 모은다. 다시 말해 돈으로 받은 소득은 은행 예금이나 증권·채권 구입을 통해 부로 축적된다. 이렇게 축적은 생산된 재화를 현물로 맡기는 게 아니기 때문에 특별히 신경 쓰지 않게 되지만, 저축을 하면 사회에는 '소비되지 않은 생산물'이 재고로 남는다. 생산했는데 소비하지 않는다면 그것은 사회 어딘가에 남기 때문이다. 이 재고는 일반적으로 기업이 대출을 받아 다음 생산에 필요한 기계나 설비에 투자한다. 이것을 '투자'라고 한다. 사회 전체로 보면 축적은 투자로 이용된다.

축적(=투자)에 의해 생산설비가 확충되면, 다음 해에 생산되는 부는 전년도보다 많아진다. 이렇게 생산요소의 규모가 커져 생산물이 늘어나는 게 경제성장이다. 예를 들면 1970년대 일본의 GDP는 약 70조 엔이었는데 지금은 무려 약 500조 엔이나 된다. 일본의 경제규모가 35년 사이 7배나 커졌다는 뜻이다. 즉 현재 일본 국민은 35년 전의 국민보다 7배나 많은 부를 생산·소비·투자하고 있으므로 굉장히 넉넉해졌다고 할 수 있다.(실은 물가상승분을 감안해야 한다.)

● 투자는 사회 공헌인가?

여기에 나온 '투자'란 말은 우리가 흔히 알고 사용하는 '투자'와 다른 의미로 쓰였다. 간단히 설명해보자. 주식 투자라는 말이 있는데 흔히 사람들은 주식 매매를 '투자'라고 생각한다. 좀 더 넓은 의미로 도박에 돈을 쏟아 붓는 것을 '투자'라고 생각하는 사람도 있다. 또 '경마에 자금을 투자한다'는 표현을 쓰기도 한다. 그러나 '늘어나 되돌아올 가능성이 있는 곳에 자금을 투입하는 것'은 '(경제학에서 말하는) 투자'가 아니다. 요즘 유행하는 주식 매매로 설명해보자.

주식이라는 금융상품을 구입하여 얻을 수 있는 이익은 크게 두 가지이다. 한 가지는 배당이고 다른 하나는 매매차익이다. 배당은 주식을 발행한 기업이 이윤의 일부를 주주에게 돌려주는 것인데 배당으로 올린 수익을 인컴 게인

income gain이라고 한다. 한편 매매 차익은 주식을 구입한 시점보다 팔 때 주가가 올라가 얻게 되는 이익이다. 이것을 캐피털 게인 capital gain이라고 한다. 그러나 이 수익은 모두 '투자'와 무관하다. 기업이 새롭게 증설한 기계나 설비와 관계없는 이익이기 때문이다.

경제학에서 말하는 '투자'에 해당하는 것은 '신규 발행 주식'이나 '신규 발행 채권'을 구입하는 경우다. 주식이나 채권의 신규 발행은 기업이 투자나 대부를 받아 기계·설비 증설에 필요한 자금을 확보하는 것인데, 그 배후에는 앞에서 언급한 '생산물을 빌리고 빌려 쓰는 현상'이 나타난다. 이와 비교해 기존의 주식증권이나 채권을 구입하는 행위는 이미 존재하는 생산설비(=기업의 생산요소 또는 그 대여분)인 주식이나 채권을 통해 소유주와 채권자가 바뀔 뿐이다. 즉 기업이 생산설비를 늘리는 것, 나아가 사회 전체에 새로운 생산요소가 생기는 것과 무관하다. 따라서 만약 투자의 목적이 '재산을 늘리는' 재테크가 아니라 '사회 공헌'(사회의 생산요소를 늘리기)이라면 기존의 주식증권이나 채권 매매는 전혀 도움이 안 된다는 사실을 기억해두기 바란다.

> **투자**
> 장차 얻을 수 있는 수익을 위해 현재 자금을 지출하는 것을 말한다. 추가된 자본스톡 안에는 공장·기계·건물 등으로 구성되는 고정자본의 증가분 외에 재고 원재료나 제품 스톡의 증가분도 포함된다. 통속적으로는 개인이나 기업이 실물자산이나 금융자산을 구입하는 것을 투자라 하나 경제학에서는 기존 자산의 구입은 소유자의 교체를 의미할 뿐, 사회 전체로서는 아무것도 추가된 것이 없기 때문에 투자가 있었다고 보지 않는다.

제로 성장: 정상상태

그럼 슬슬 경제성장이론을 설명해보자. 그 첫걸음으로 가장 간단한 경제성장 모델부터 살펴보자. 연상하기 쉽게 옛날이야기로 바꿔보았다. 사과만 먹고 사는 사과나라 사람들이 있다고 생각해보자.

> **경제성장 모델 1**
>
> 생산된 사과는 먹거나 종자로 이용한다. 종자로 쓴 사과 한 개는 일 년 동안 자라 나무가 되어 100개의 열매를 맺고 그해에 말라죽는다. 사람들은 수확한 사과 중 s개를 종자로 쓰고 남은 (1-s) 사과를 먹는다. (예를 들어 10%를 종자로 이용한다면 s=0.1이다.)

그럼 이 나라의 경제성장은 어떻게 될까. 우선 작년도 사과 생산량(GDP에 해당한다)을 Y개라고 하자. 그럼 종자로 쓴 사과는 Y×s이다. 이것은 저축률이 s라는 의미다. 이들 종자가 올해 사과나무가 되어 각각 100개씩, 즉 Y×s×100개의 사과를 생산해낸다.

이에 따라 경제성장을 분석해보자. '올해 생산량'이 '작년 생산량'보다 많으면 경제는 성장한다. 이것이 성립하려면 s×100이 1보다 커야 한다. 이것은 s가 0.01보다 큰 경

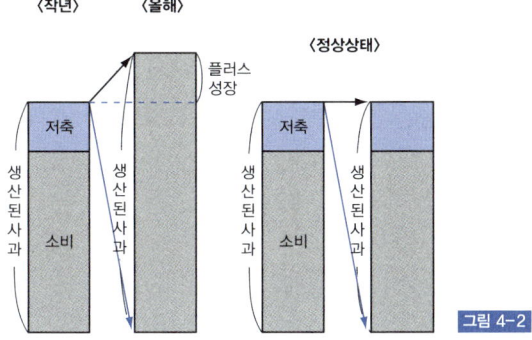

그림 4-2

우다. 즉, 생산된 사과 중 1% 이상을 종자로 사용할 경우 경제는 성장한다. 이 경우, 해마다 사과 소비량이 늘어나 사람들은 넉넉해진다. 생산량GDP의 성장률을 구하려면 (올해 생산량-작년 생산량)÷작년 생산량 Y를 계산하면 된다. 이것은 〔(Y×s×100)-Y〕÷Y=Y×(s×100-1)÷Y=s×100-1이 된다. 예를 들어 해마다 s=1.05%의 사과를 종자로 쓴다면, 0.0105×100-1=0.05이므로 경제성장률은 5%이다.(〈그림 4-2〉의 왼쪽)

경제성장 모델을 다루며 특히 주목해야 할 것은 s=0.01이 되는 경우다. 이때는 경제성장률이 0, 즉 '올해의 생산량=작년 생산량'이 된다. 매년 사과 소비량도 일정하다. 보통 이런 상태를 '제로 성장'이라고 하는데 경제학 전문용어로는 '정상상태stationary state'라고 한다. 정상상태란 경제가 시간이 흘러도 발전하지 않고 일정 수준을 유지하

는 환경이다.(〈그림 4-2〉의 오른쪽).

이 정상상태는 경제성장이론을 이해하는 데 매우 중요한 비교기준이 된다.

●
축적과 누출이 있는 모델

다음으로 조금 복잡한 경제성장 모델을 살펴보자. 이번에도 사과나라 이야기에 비유하면, 사과나무는 1년 만에 시들지 않고 계속 사과 열매를 맺지만 언젠가는 말라죽는다. 사과 생산량도 종자 수에 비례하는 게 아니라 들쭉날쭉하다고 가정한다. 모델이 복잡해졌으므로 사과나라에 비유하지 말고 실제 경제로 생각해보자.

> **경제성장 모델 2**
>
> 이 나라에서는 생산량 가운데 s%를 이용해 기계와 설비를 만든 뒤, 기존의 설비·기계에 추가한다. 이것은 투자에 해당한다. 즉 만들어진 이들 기계나 설비는 추가적인 생산물을 산출하기 위해 내년에 이용할 예정이다. 한편 작년에 있던 기계 가운데 d%는 망가져 올해 쓸 수 없다. 생산물 가운데 투자에 사용한 분량을 빼고 남은 (1-s)%의 생산물은 국민이 소비한다.
>
> 마지막으로 생산량을 가정해보자. 설비·기계의 양이 k일 때, 산출된 생산물의 양을 y라고 하자. y는 k에 반비례한다.

이 모델은 생산물을 모두 소비하지 않고 일부를 남겨두었다가 설비나 기계에 투자하는 구조다. 이런 설비·기계를 '자본'이라고 한다. 자본이 축적에 의해 생긴다는 것은 앞에서도 설명했다. 즉 여기서 s는 (사과나라의 예에서도 그랬듯이) 생산량 중 소비하지 않고 자본으로 사용한 비율, 즉 국민의 저축률을 나타낸다.

자세한 설명이 필요한 것은 마지막에 있는 '생산이 자본에 반비례한다'는 가정이다. 자본의 양이 k에서 k+Δk로, Δk만큼 증가할 때 생산물의 양 y는 y+Δy로 Δy만큼 증가한다고 하자. 이 책에서는 생산 증가량(Δy)이 자본 증가량(Δk)의 몇 배인지(Δy÷Δk) 나타낸 것을 '자본에 대한 생산 반응률'이라 부른다.

여기서 말하는 '반비례 가정'은 '자본에 대한 생산 반응률'은 k가 커짐에 따라 점차 감소한다는 뜻이다. 예를 들어 일정 수준의 자본량이 있을 때 자본을 1단위 늘리면 생산된 여분은 10단위라고 하자. 그러나 이보다 자본량이 많을 경우, 자본이 1단위 증가할 때 생산되는 여분은 9단위밖에 안 된다. 이 가정은 '자본량이 많아지면 생산물을 산출하는 능력이 점차 줄어든다'는 것을 나타낸다. 이것은 다양한 산업이나 기업에서 관찰할 수 있는 현상으로 경제학에서 표준이 되는 가정이다.

그런데 이 경제는 어떤 성장 메커니즘을 갖고 있을까. 좀 전에 설명했듯이 우선 정상상태를 기점으로 생각해보자.

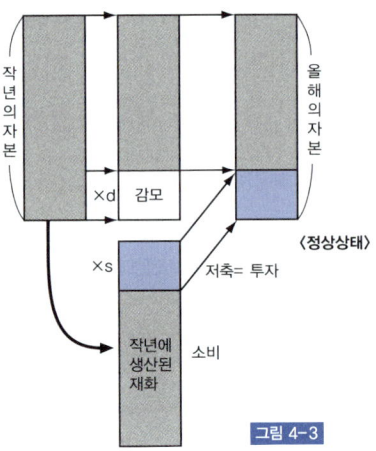

그림 4-3

정상상태란 생산물의 양이 작년이나 올해나 내년이나 변함없이 일정한 상태다. 이 모델에서 생산량이 일정하다는 것은 자본량이 일정하다는 뜻이다.

작년에 투입된 자본이 작년 생산물을 산출한 것은 두꺼운 화살표로 나타냈다. 자본 d(%)는 감모(減耗, 닳거나 축이 남)되어 줄어든다. 한편 산출된 생산물 가운데 s(%)는 투자해 새로운 자본에 추가한다.

정상상태가 된다는 것은 자본량이 일정하다는 의미인데 그러기 위해서는 그림에 볼 수 있듯이 줄어든 자본을 투자로 메워야 한다. 이것이 필요충분조건이다. 이런 정상상태가 될 때 자본량(기계·설비량)을 k^*이라 하고 이때의 생산량을 y^*이라고 하면 정상상태에서는 작년 자본 $k^* \times$ 감모율 $d =$ 작년 생산량 $y^* \times$ 저축률 s가 성립된다.

● 경제는 정상상태를 지향한다

그럼 다음으로 작년 자본량 k가 이 정상상태의 자본량 k*보다 많으면 어떻게 되는지 분석해보자. 이 경우에는 정상상태의 그림과 다른 부분이 생긴다. 〈그림 4-4〉를 보자. 자본이 d% 감모하는 것은 같지만 저축(=투자)으로 보충된 자본이 다르다. 자본량이 정상상태의 자본량 k*에서 Δk만큼 늘어났다고 하자. 이때는 감모분도 정상상태와 비교해 $\Delta k \times d$만큼 늘어난다. 그러나 자본에 대한 생산 반응률이 감소한다는 가정(반비례의 가정)에 따라 생산물의 증가분 Δy의 반응이 둔해지기 때문에 생산량은 $\Delta k \times d$를 보충할 수 있을 만큼 늘어나지 않는다. 즉 〈그림 4-4〉와 같이 올해 자본량은 작년 자본량보다 감소한다.

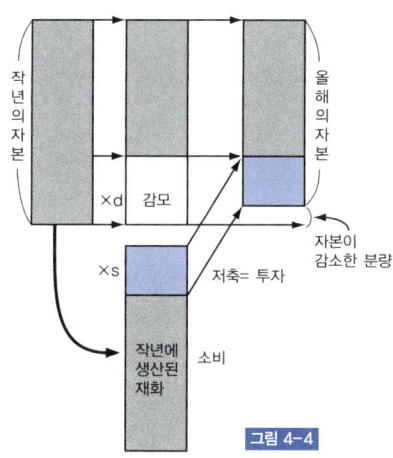

그림 4-4

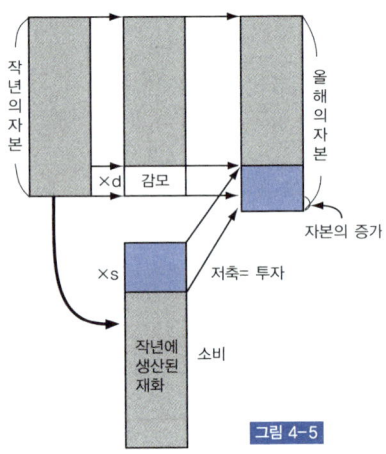

그림 4-5

같은 이치로 작년 자본량 k가 정상상태인 자본량 k보다 적은 수준이라면 〈그림 4-5〉와 같이, 올해 자본량은 작년보다 늘어나게 된다.

다시 한 번 정리하면 자본을 여분으로 축적한 경제는 정상상태일 때보다 자본이 줄어들고, 자본을 너무 조금 축적한 경제는 정상상태일 때보다 자본이 늘어난다는 이야기다. 즉 이 모델에서 경제는 정상상태를 지향하며 자본을 증가 혹은 감소시키며 정상상태에 도달하고 결국엔 움직이지 않게 된다. 정상상태가 되었을 때 생산량 GDP는 일정 수준이 되어 경제성장률은 0이 된다.

이 모델로 결론을 내지 말고 다음 이야기를 살펴보자. 이 모델은 다음에 소개할 솔로 모델을 이해하는 준비 과정으로 이해하는 게 좋다.

경제학자 로버트 솔로의 경제성장 모델

지금 설명한 모델은 기계·설비만으로 생산을 했다. 여기에는 '인간의 생산활동'이 전혀 개입되지 않았다. 그럼 이제부터 인간의 생산활동인 '노동'을 도입해보자. 요컨대 생산은 설비·기계뿐 아니라 인간의 노동까지 더해 이루어지는 것이다.

> **경제성장 모델 3: 솔로 모델**
>
> 이 나라에서는 국민이 기계·설비를 사용해 노동하고 생산물을 만든다. 생산물 가운데 s%를 이용해 기계나 설비를 만들고 그것을 작년에 있던 설비·기계에 추가한다. 이것이 투자에 해당한다. 즉 새롭게 만든 기계나 설비는 내년도 자산으로 이용되어 추가 생산물을 만들어낸다.
>
> 작년에 있던 자본 가운데 d%는 감모된다. 생산물 가운데 투자하고 남은 (1-s)%의 생산물은 국민이 소비한다. 인구는 매년 n%씩 증가한다.
>
> 노동자 한 명이 1년 동안 하는 일의 양을 1단위라 하고, 1단위당 일이 이용하는 자본의 양을 k라고 할 때, 1인당 생산량 y는 k에 반비례한다.

경제성장이론에 대한 연구로 노벨상을 받은 경제학자 로버트 솔로(R. M. Solow, 1924~)

이 경제성장 모델은 로버트 솔로라는 경제학자가 1956년에 발표했는데, 이 업적으로 그는 1987년 노벨 경제학상을 수상했다. 이것을 솔로 모델이라고 하며 이는 현재 경제성장이론의 표준이 되고 있다.

앞에서 다룬 모델(경제성장 모델 2)과 다른 점은 노동(일)의 개념이 도입되어, 노동을 생산하는 인구의 증가(또는 감소)도 생각해야 한다는 점이다. 처음에 가정한 '1단위당 일이 이용하는 자본량을 k라 한다'는 조건을 이해하기 어려우리라 생각한다. 이것부터 간단히 살펴보자.

사람은 기계·설비를 사용해 노동하고 생산물을 만들어 내는데, 노동 가능 인구를 1억 명이라고 한다면 국가에는 1억 단위의 노동(일)이 존재하게 된다. 그리고 국가에 존재하는 설비·기계의 양을 적당한 단위, 예를 들어 20억 단위라고 가정해보자. 이때 노동 1단위당 이용하는 자본량이란 20억÷1억=20단위가 된다. 이것은 앞에서 문제를 풀면서 설명했던 단위 시간에 이루어지는 일의 양에 관한 문제와 같은 발상이다.

그럼 경제구조가 상당히 복잡해졌으므로 생산 구조를 순서도로 나타내보자(〈그림 4-6〉).

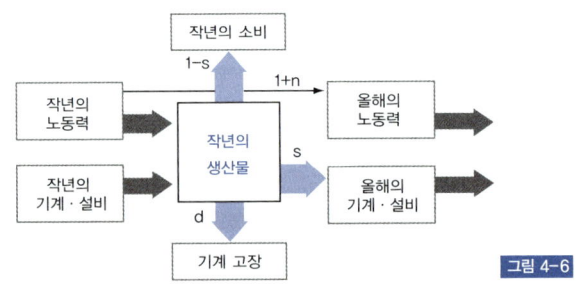

그림 4-6

국민 한 사람이 한 일은 얼마나 될까

이 복잡한 모델로 경제성장을 설명하려면 지금까지처럼 나라 전체를 하나로 묶어 생각할 게 아니라, 국민 한 사람 한 사람을 단위로 생각해야 한다. 좀 더 정확히 말하면 노동 1단위당(노동자가 1년 동안 하는 일) 일의 양을 계산하는 게 요령이다.

우선 1년 동안 생산한 생산물을 국민 1인당 평균으로 계산한 것을 '1인당 GDP'라고 한다. 말할 것도 없이 경제에서 주목하는 양이다. 왜냐하면 아무리 GDP가 높아도 인구가 많은 나라는 그만큼 GDP도 높기 때문에 이것으로 국가의 부를 가늠할 수 없기 때문이다. 국가의 부란 '국민이 1인당 평균 얼마만큼 생산물을 얻을 수 있는가'로 평가되어야 한다. 예를 들어 GDP 자체만 놓고 보면 세계 5위권에 독일, 프랑스, 이탈리아가 들어가지만 1인당 GDP로 보면 스위스나 룩셈부르크로 순위가 바뀐다.

그렇다면 국민 1인당 GDP인 y는 결국 그 나라에 존재하는 자본을 국민 1인당 평균으로 나누었을 때의 자본량 k에 따라 달라진다. 따라서 (단 한 가지만 제외하고) 생산이나 소비, 자본 모두 1인당 얼마인지를 생각하면 된다. 즉 국민 한 사람이 k의 설비·기계를 갖고 y개의 생산물을 만든다고 생각하면 된다.

앞에서 '단 한 가지' 제외한 것은 '인구 증가'다. 이것을 어떻게 처리하느냐가 이 모델의 핵심이다. 그러나 잘 생각해보면 그리 어려운 문제도 아니다. 예를 들어 인구증가율(n)이 0.01, 즉 1%일 경우를 생각해보자. 작년 인구가 1억 명이었다면 올해는 1억×0.01=100만 명 늘어난다는 의미다. 이때 1인당 자본량을 산출하려면(이것은 평균치이므로) 새롭게 늘어난 인구(신세대)에게도 자본을 균등하게 배분할 필요가 있다. 따라서 1인당 설비·기계의 보유량은 n=0.01꼴로 감소해야 한다는 것을 알 수 있다.

예를 들어 현재 1인당 10단위의 자본을 가지고 있을 때 인구가 1% 늘어나면 100명이 신세대 1인분을 보충하게 되므로 10×0.01=0.1단위씩 자본을 신세대에게 제공하게 된다(자세한 내용을 알고 싶은 사람을 위해 보충 설명을 하면 다음과 같다. 감소분을 정확히 계산하면 k÷(1+n)-k이 되는데 1÷(1+n)이 거의 1-n임을 이용하면 감소분은 대략 -nk가 되어 위의 계산이 옳음을 알 수 있다.)

따라서 국민 1인당 자본 감소분은 감모분으로 '작년 자본량×감모율 d'가 되고, 신세대에게 넘겨준 자본량은 '작년 자본량×인구성장률 n'이 된다. 이것에 대해 저축으로 늘어난 자본의 양은 앞에서 본 모델과 마찬가지로 '작년의 생산물×저축률 s'이다.

● 정상상태에서도 경제는 성장한다

이 솔로 모델에서 기본이 되는 정상상태를 그림으로 살펴보자(〈그림 4-7〉). 다시 한 번 그림으로 확인하면 1인당 자본의 감소는 자본 자체의 감모와 인구 증가에 따른 1인당 사용량의 감소분을 더한 것이다. 정상상태에서는 감소된 자본을 저축(=투자)으로 메워 보충하는 구조다.

따라서 정상상태의 1인당 자본량을 k^*, 생산량을 y^*이라고 하면, (자본량 k^*)×(감모율 d+인구성장률 n)=(생산물의 양 y^*)×(저축률 s)이다. 이것이 솔로 모델의 기본 방정식이다.

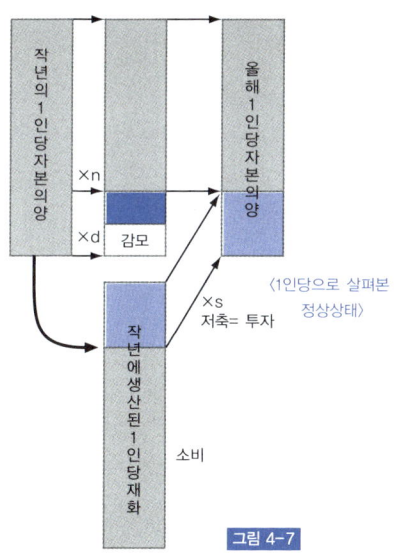

〈1인당으로 살펴본 정상상태〉

그림 4-7

단, 여기서 '정상상태이므로 경제가 성장하지 않는다'고 오해해서는 안 된다. 분명 1인당 자본량이나 1인당 생산물은 일정 수준이 된다. 그러나 인구가 n%로 성장하고 있음을 잊어서는 안 된다. n이 플러스라면 인구가 증가하므로 이때 국가 전체의 GDP(=1인당 GDP×인구)도 당연히 증가한다. 이 경우 경제성장률은 인구증가율과 같은 n이 된다.

1인당 자본량이 k*이 아닌 경우는 앞의 모델과 같아서 결론도 마찬가지이므로 생략한다. 즉 1인당 k*보다 적은 자본이 축적된 국가는 자본 축적을 하고, 1인당 자본량과 GDP를 늘리면서 조금씩 정상상태에 가까워진다. 한편 k*보다 많은 자본을 축적한 나라는 1인당 자본량과 GDP를 감소시키면서 정상상태를 향해 간다.

●
경제성장과 저축률의 관계

경제성장이론의 백미는 지금부터다. 이렇게 정상상태의 조건을 알았으니 경제 상황의 변화에 따라 어떤 일이 일어나는지 실험해볼 수 있다. 지금부터 정상상태에 있는 국가를 비교할 때 저축률이 경제에 어떤 영향을 미치는지를 분석해보자. 앞의 솔로 모델의 기본 방정식의 좌·우변을 따로 떼어 의미를 확인해보자.

자본 감소분 = 자본량 k × 감모율 d + 인구성장률 n

자본 증가분 = 생산물의 양 y × 저축률 s

현재 정상상태인 국가가 있다고 가정해보자. 정상상태에서 자본 감소분과 자본 증가분은 균형을 이루고 있다. 여기서 국민의 저축 의욕이 변화되어 저축률 s가 늘어난다고 하자. 그러면 '자본 증가분'이 커지기 때문에 '자본 감소분'을 보충하고도 남는 여유분이 생긴다. 이것은 1인당 자본량 k를 증가시키므로 1인당 생산량 y도 증가한다. 그러나 k가 축적됨에 따라 감모분이나 인구 성장으로 감소하는 분량은 증가하지만, '반비례의 가정'에 따라 생산물의 증가량은 반응이 느려 이와 비례하지 않기 때문에 자본 축적은 차츰 둔화되고 이윽고 다음의 정상상태로 가라앉게 된다. 요약하면 저축률이 높아지면 경제규모가 높은 위치의 정상상태로 움직인다.

이것을 이용해 두 나라를 비교해보자. '저축률이 높은 나라는 1인당 GDP도 높다.' 이것이 솔로 모델이 첫 번째로 시사하는 바이다.

실제로는 어떨까. 〈그림 4-8〉은 경제학자 그레고리 맨큐 N. gregory mankiw 의 『거시 경제학』에 나온 그림인데 이 그림을 자세히 살펴보자. 가로축을 투자(=저축률 s)로, 세로축을 1인당 소득(=GDP)으로 하고 113개 나라의 데이터를 정리한 그래프이다. 점들은 대개 오른쪽으로 끌려 올라가는 모

하버드대학교 최연소 정교수가 된 경제학자로도 유명한 그레고리 맨큐(1958~)

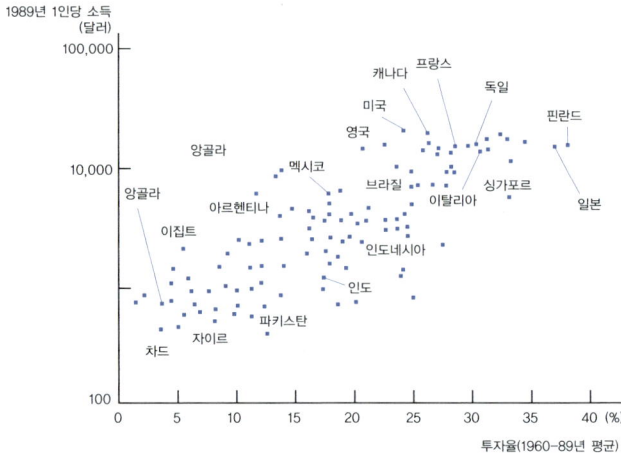

그림 4-8
투자율과 1인당 소득에 관한 국제적 증거

양으로 분포한다. 즉 '저축률이 높은 나라는 부유한' 경향이 있다는 것이 대충 맞는 이야기임을 알 수 있다(이 단계에서 각 나라가 정상상태인지 여부는 생각하지 말자).

일본은 1950년대부터 60년대에 걸쳐 큰 경제성장을 이뤘다. 이 경제성장의 바탕이 된 것은 세계에서 유례없는 경이로운 저축률이라고 한다. 일본의 저축률이 높은 이유는 경제학의 수수께끼와 같아서 지금도 활발한 연구가 진행되고 있으며 다양한 가설이 나오고 있다. 그 가운데 특히 주목할 만한 것은 '유산 동기'다.

경제학상의 일반론으로 본다면 인간은 젊었을 때 열심히 저축하고 노후에는 그것을 조금씩 쓰면서 넉넉하게 사는 게 합리적이다. 그러나 일본 사람들은 노후에도 저축한 돈을 소비하지 않는 성향이 있다. 그 이유를 '유산을 구실로

자녀의 보살핌을 받고 싶어 하는 게 아닌가 추측하는 학자도 적지 않다. 그것이 일본 국민 전체를 집계했을 때 나타나는 높은 저축률의 원인이 아닌가 하는 것이다.

만일 이 가설이 옳다면 참으로 서글픈 일이 아닐 수 없다. 일본 노인들이 자녀의 보살핌을 받기 위해 노후에도 소비를 자제하고 유산을 남기려고 하는 동기에는 노후를 보낼 인프라나 지원제도가 빈약하다는 사정이 있기 때문이다. 그러나 이 유산 동기에 의한 높은 저축률이 고도성장을 이뤄냈다면 이 또한 아이러니한 일이다.

● 저출산은 경제에 악영향을 미칠까

다음으로 인구성장률 n의 차이가 정상상태에 어떤 변화를 일으키는지 분석해보자. 현재 정상상태인 국가의 인구성장률 n이 증가했다고 하자.

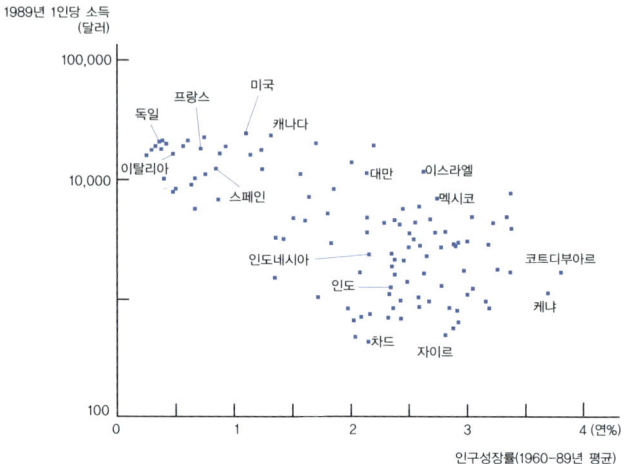

그림 4-9
인구성장과 1인당 소득에 관한 국제적 증거

자본 감소분 = 자본량 k × 감모율 d + 인구성장률 n

자본 증가분 = 생산물의 양 y × 저축률 s

여기서 '자본 감소분'이 커지고 있으므로 생산물의 저축에 따른 자본 증가는 감소분을 커버할 수 없게 된다. 따라서 1인당 자본량이 감소해 1인당 GDP도 감소하고 이윽고 이전보다 낮은 수준의 정상상태에 정착하게 된다. 따라서 '인구성장률이 높은 나라는 1인당 GDP가 적다'는 결론이 도출되었다.

현실은 어떤가. 다시 맨큐의 책에 나오는 데이터를 보자. 〈그림 4-9〉는 가로축이 인구성장률을, 세로축이 1인당 소득(=GDP)을 나타내며 앞에서 다룬 113개국을 대상으로 분포도를 그린 것이다. 여기서는 오른쪽 아래를 향해 내려가는 경향을 보인다. 따라서 '인구증가율이 높은 국가는 가난하다'는 이야기가 검증되었다.

현재 일본에서는 저출산이 문제다. 언론에서는 연일 저출산이 경제에 타격을 입힐 것이라고 야단이다. 그러나 솔로 모델을 인용하면 반대되는 결론이 나온다. 인구성장률의 감소는 1인당 GDP를 높인다. 1인당 자본량이 많아지기 때문이다. 곰곰이 생각해보면 그렇다고 수긍할 수 있다. 인구가 줄어들면 생산설비나 공공인프라를 이전보다 적은 사람이 이용할 수 있다. 분명 인구가 안정될 때까지의 과도기에는 연금제도 등 세대 간의 갈등이 문제를 일으킬 소지가 있다. 그러나 장기적으로 보았을 때 인구성장률의 감소는 경제에 좋은 효과를 일으킬 것이라고 결론내린 솔로 모델이 필자에게는 언론의 어떤 논리보다 설득력 있게 들린다.

●
번영한 국가는 반드시 쇠퇴한다?

솔로 모델은 저축률이나 인구성장률의 차이에 관해 위와 같이 의미심장한 결론을 내렸다. 그러나 경제학적으로는 더욱 충격적인 사실을 시사하고 있다. 그것은 '어떤 나라든 경제성장은 점차 둔화되어 결국 1인당 GDP는 일정 수준에 머물게 된다'는 사실이다. 정말일까.

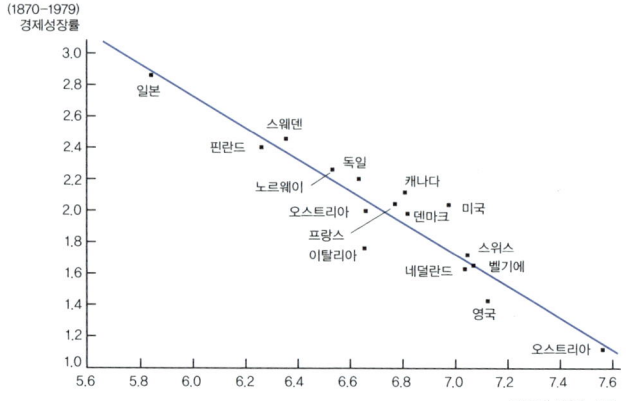

그림 4-10

보몰(W. Baumol, 1967)의 표본에 나타난 초기 소득 수준과 이후의 성장(로머 『고급 거시경제학』에서)

〈그림 4-10〉은 경제학자 데이비드 로머 D. Romer의 책에 나온 그림이다. 가로축에 1870년도의 1인당 소득(=GDP)을, 세로축에 1870년부터 1979년까지의 경제성장률을 나타냈다. 이 그림을 통해 1870년에 1인당 GDP가 낮았던 국가일수록 그 후 약 100년 동안 큰 경제성장을 이룬 한편, GDP가 높았던 국가의 경제성장률은 일정 수준에 머물러 있음을 알 수 있다. 솔로 모델의 이런 주장은 경제학자들에게 '수렴논쟁'이라 불리는 격렬한 논쟁을 불러일으켰다. 그리고 이론과 실증 양면에서 많은 연구를 탄생시켰다.

이 솔로 모델의 주장은 어떻게 도출된 것일까. 그것은 반비례의 가정, 즉 자본에 대한 생산 반응률이 차츰 떨어진다는 가설에서 비롯되었다. 1인당 축적된 자본이 적은 나라일수록 자본 증가에 대한 생산물의 증가 반응이 크다. 따라서 자본 축적은 큰 수익을 낳아 높은 경제성장을 이룬다. 그러나 정상상태에 가까워지면 반응률이 차츰 떨어져 자산 축적은 그리 큰 생산량 증가를 가져다주지 못한다. 이것은 다음에 축적될 자본 증가율이 이전보다 줄어든다는 의미다. 따라서 어느 정도 성장을 이룬 국가의 경제성장은 둔화되어 곧 일정 수준에 수렴된다.

이 후속 논쟁 시비를 이해하기 위해서는 좀 더 오랜 기간 세계규모의 관측을 할 필요가 있다. 어쨌든 국가의 경제성장이라는 역사적인 사실을 수학 모델, 그것도 단위 시간에 이루어지는 일의 양을 계산하는 방식이나 뉴턴의 계산을 발전시켜 이해할 수 있다는 것은 매우 즐거운 일이다.

●
경기침체를 해석하는 방법

거품경제가 붕괴된 후 1990년대에 일본에 들이닥친 장기 침체를 '잃어버린 10년'이라고 한다. 예를 들면 2000년에서 2001년의 경제성장률은 마이너스 0.6%로 놀라울 정도로 낮은 수준이었다. 이 '잃어버린 10년'의 원인에 대해서 경제평론가 사이에 격렬한 논쟁이 벌어졌다.

그런데 최근 1~2년 사이 조금씩 경기회복의 조짐이 나타나자 재미있게도 그동안 어떤 주장을 했건 누구나 자신의 주장이 옳았다고 말한다. 이렇듯 경제학에서 벌어지는 논쟁에는 '패자가 없는' 경우가 많다. 그것은 감기에 여러 가지 치료법을 동시에 썼을 경우 실제로 어떤 약이 효과를 냈는지 끝까지 알 수 없는 것과 비슷하다. 어떤 사람은 주사를 맞고 나았다고 하고 어떤 사람은 생강차를 마셨기 때문이라고 한다. 또 다른 사람은 푹 쉰 덕분이라고 하는가 하면 기도를 했기 때문에 나았다고 주장하는 사람도 있다. 그렇다고 해도 이상할 게 없다. 중요한 것은 그런 주장을 한 여러 사람 가운데 새로운 경제 모델이나 식견을 제시하고 남긴 게 누구냐는 점이다.

여기서 일본을 대표하는 거시 경제학자 하야시 후미오林文夫가 저명한 경제학자 에드워드 프레스코트E. C. Prescott와 저술한 경제성장이론을 이용해 '일본의 잃어버린 10년'을 검증한 논문을 소개해보자. 단, 일본 경기침체의 진정한 원인을 규명하기 위한 것이 아니라 어디까지나 경제성장이론의 발상을 이해하는 것이 목적이다. 왜냐하면 하야시-프레스코트 모델이 진실을 규명했는지를 증명하려면 시간이 좀 더 필요하고 지금 단계에서는 그들의 분석이 참인지 거짓인지 판단할 수 없기 때문이다. 그러나 적어도 확실한 경제성장 모델을 제시해 과학적으로 논의할 수 있는 토대를 만든 업적만큼은 높이 평가할 만하다.

하야시는 "잃어버린 10년의 원인은 무엇인가"에서 원래 논문에 수록된 모델을 솔로 모델의 관점에서 평이하게 썼

2004년 노벨경제학상을 수상한 경제학자 에드워드 프레스코트

다. 이 책의 성격에 맞게 다음과 같이 정리해보자.

하야시 후미오는 신문이나 잡지에 실린 경기침체 기사는 대부분 케인즈 경제학에 의거한 수요 부족을 원인으로 꼽고 있다고 분석했다. 그리고 그 내용을 다음과 같이 세 가지로 요약했다. 첫 번째 신용위기설이다. 이것은 불량 채권을 안고 있는 은행이 금융 중개기능을 제대로 하지 못해 설비투자 부문에 자금이 돌지 않는다는 내용이다. 두 번째는 재정정책이 경기를 자극하지 못했기 때문이라고 보는 의견도 있다. 이것은 정부의 무능한 정책을 지적하는 내용이다. 세 번째는 일본은행日本銀行의 금융정책 실패다. 90년대 초에 미에노 야스시三重野康 일본은행 총재가 추진한 고금리 정책 해제가 늦어져 신속한 금리 인하가 이루어지지 않았기 때문이라는 주장이다.

하야시 후미오는 이 세 가지 주장을 모두 부적당하다고 분석했다. 이유는 다음과 같다. 우선 케인즈 경제학에서도 수요 부족에 의한 경기침체는 단기적인 현상으로, 장기적인 가격 조정을 통해 해소할 수 있다고 본다. 그러나 일본의 경기침체는 장기적인 양상을 보였다. 또 현실적으로 일본은행은 1990년대에 경기 부양책을 추진하여, 정부 지출 대 GDP의 비율이 상승하도록 정부 차원의 경기자극책을 시행했다. 또 신용위기설로 설명하려면 투자가 감소해야 하는데 실제로 일본의 투자 대 GDP의 비율은 1980년대와 마찬가지였다. 게다가 가장 중요하게 봐야 할 대목은 1990년대에 자본량 대 GDP비율이 급상승했다는 부분이다.

그럼 하야시 후미오는 일본의 잃어버린 10년의 원인을 어디서 찾고 있을까. 하야시는 90년대에 일어난 두 가지 사실에 주목하고 있다. 그것은 총요소생산성 TFP의 성장률이 약화되었다는 점과 1인당 노동시간이 10% 줄었다는 점이다. TFP란 이른바 '기술 수준'을 나타내는 지표로 이것이 커진다는 것은 같은 노동량, 같은 자본량으로 보다 많은 생산량을 얻을 수 있다는 의미다. 하야시는 여러 이유로 TFP의 성장 속도가 둔화되었다고 분석했다. 또 1988년 노동기준법 개정에 따라 토요일을 휴일로 지정하고 기념일을 늘려 일본의 노동량은 약 10% 감소했다. 하야시는 이것이 기술 수준 향상을 둔화시키고 생산량을 감소시켰다고 보았다. 이런 하야시의 관점은 기술 수준이나 노동시간이라는 '실물적'인 면에 집중한 것으로 볼 수 있다.

총요소생산성 Total Factor Productivity

보통 생산성은 노동자 1인당 또는 노동 1시간당 산출량으로 효율성을 측정하는 노동생산성을 이야기한다. 하지만 어느 한 재화를 생산하는 데는 노동뿐만 아니라 설비, 자본, 원재료 등 다양한 요소들이 포함된다. 따라서 노동 생산성만으로는 전반적인 생산성의 증대나 감소를 설명하기 어려운 경우가 많다. 생산 과정의 전체의 효율 향상을 측정하기 위해서는 전체의 투입 요소를 고려한 측정이 필요한데, 이것을 충족시키는 것이 총요소생산성이다. 총요소생산성은 노동 생산성뿐 아니라 근로자의 업무 능력, 자본 투자금액, 기술도 등을 복합적으로 반영한 생산 효율성 수치이다. 총요소생산성에는 노동, 자본 등 단일 요소 생산성 측정에는 포함되지 않는 기술, 노사, 경영체제, 법·제도 등이 반영되기 때문에 총요소생산성 증가는 흔히 기술혁신을 의미한다.

노동 효율을 고려한 경제성장 모델

그럼 이러한 하야시의 주장을 뒷받침하는 하야시-프레스코트의 경제성장 모델을 살펴보자.

> **경제성장 모델 4: 하야시-프레스코트 모델**
>
> 이 나라에는 국민이 설비·기계를 사용해 노동을 함으로써 생산물을 만들어낸다. 생산물 가운데 s%를 사용해 기계나 설비를 만들어 작년부터 있던 설비·기계에 추가한다. 이것이 투자에 해당한다. 즉, 새롭게 만들어진 기계나 설비는 내년 자본으로 이용되어 추가적인 생산물을 만들어낸다.
>
> 작년에 존재했던 자본 가운데 d%는 감모된다. 생산물 중 투자에 사용하고 남은 (1-s)%의 생산물은 국민이 소비한다. 인구는 일정한데 그 생산성은 향상되고 있다. 즉 노동자 한 사람이 1년 동안 하는 일의 양을 1단위라 하고 그 일 1단위가 만들어내는 '노동 효율'은 g%로 성장한다고 가정한다. 이 g를 노동 증가적 기술 진보율이라고 부른다.
> 노동 효율 1단위당 일이 이용하는 자본의 양을 k라고 하면 노동 효율 1단위당 생산물의 양 y는 k에 반비례한다.

이 모델의 특징은 솔로 모델의 인구 성장이라는 개념을

없앤 대신, '노동 효율'이 향상되는 효과를 도입했다는 점이다. 예를 들면 노동 증가적 기술 진보율 g가 0.01이라면 작년에는 노동자 1.01명이 할 수 있던 일을 올해는 혼자 할 수 있게 되었다는 의미다. 이것은 노동의 질이 향상되었다고 생각해도 되고 노동을 효율적으로 사용할 수 있는 기술 진보가 일어났다고 봐도 좋다. 보통 쉽게 이해할 수 없는 개념이지만, 4장 초반에 다루었던 단위 시간에 이루어지는 일의 양에 관한 문제를 연습한 독자라면 어렵지 않게 받아들일 수 있으리라 생각한다.

모델이 복잡해 보이지만 실은 솔로 모델과 거의 비슷하다. 솔로 모델에서는 노동자 수가 증가했지만, 이 모델에서는 노동자 수가 같더라도 '기술 진보에 의해 노동인구가 늘어난 것과 같은 효과가 나타난다.'

그럼 지금까지 배운 대로 이 모델의 경제성장도를 그려보자. 이번에는 노동 효율 1단위당 자본 k를 기준으로 생각한다. 솔로 모델에서는 인구가 늘어나는 상황에서 인구 한 사람이 사용한 자본을 기준으로 삼았다. 그러나 이 모델에서는 노동 효율이 증가하는 상황에서 그 노동 효율 1이 사용한 자본을 기준으로 한다.

자본이 작년과 비교해 d%로 감모되는 것은 마찬가지다. 또 노동 효율이 g%로 상승하고 있으므로 새롭게 증가한 노동 효율에 빼앗기는 자본은 '작년의 자본량×g'이다. 즉 인구성장을 노동 효율의 성장으로 바꾸어 쓴 것임을 바로 알 수 있다. 따라서 (자본 감소분)=(자본량 k)×(감모율 d+노동 효율의 성장률 g)이 된다. 한편 자본이 보충되는 구조는 솔로 모델과 마찬가지로 저축(=투자)이므로 (자본 증가분)=(생산물의 양 y)×(저축률 s)이 된다. 따라서 정상상태에서는 (자본량 k)×(감모율 d+노동 효율의 성장률 g)=(생산물의 양 y)×(저축률 s)이 성립하는 것도 솔로 모델과 같은 이유다.

그럼 1980년대 일본이 이런 정상상태에 있었다고 가정해보자. 이때의 GDP 경제성장률은 노동 효율의 성장률 g가 된다. (솔로 모델에서는 169~170쪽에서 살펴보았듯이 인구의 성장률 n과 일치했다.) 하야시는 이것이 2.8% 정도라고 추정했다. 그리고 1990년대가 되면서 어떤 이유로 g가 줄어들었다고 보았다. 하야시는 이에 따라 g가 2.8%에서 0.3%로 저하되었다고 분석했다. 그러면 어떻게 될까.

우선 '자본 감소분'의 g가 적어졌으므로 자본 감소가 적어진다. 지금까지 자본 감소분을 보충했던 자본 증가분에는 보충하고도 남는 잉여분이 생긴다. 그러면 지금까지 정상상태 때문에 멈추어 있던 (노동 효율 1단위당) 자본량이 증가하기 시작할 것이다. 하야시는 이것이 좀 전에 설명했던 1990년대에 일어난 자본량 증가의 이유라고 설명했다.

자본량 증가는 차츰 줄어들면서 새로운 정상상태로 나아가게 된다. 이때, GDP 성장률은 경제성장의 새로운 성장률 g=0.003(0.3%)과 일치한다. 즉 g의 감소는 자본량의 급격

한 증가를 일으키면서 경제성장률을 2.8%에서 0.3%로 끌어내렸다는 것이다.

● 경제성장이론에 대한 기대

하야시-프레스코트 모델에 따르면 국가의 경제성장에 크게 기여하는 것은 노동 효율의 성장률이다. 노동 효율이라고 하면 추상적인 느낌이다. 요컨대 노동자의 기술이나 지식이 어떻게 향상되는지, 같은 노동과 자본으로 좀 더 큰 수확을 올릴 수 있는 기술 혁신이나 공공인프라, 사회제도는 어떻게 축적되는지 등은 노동 효율을 이해하는 열쇠가 된다. 그렇다면 노동 효율의 성장률은 최근 화제가 되고 있는 청년층의 노동 효율(니트족문제)이나 소득 재분배(양극화사회), 자본의 유효 이용(주식을 사용한 매수문제)과 긴밀하게 관련된다고 할 수 있다.

이렇게 하야시의 경기침체 원인 분석은 케인즈 학파나 그 추종자들이 주장하는 '어떤 이유로 소비나 투자가 억제되었다'는 수요 원인설과 180도 다르다. 하야시는 어떤 의미에서 눈에 보이는 노동시간이나 기술 수준, 인프

니트족NEET族
일하지 않고 일할 의지도 없는 청년 무직자를 뜻하는 말로 니트(NEET)는 Not in Education, Employment or Training의 줄임말이다. 보통 15~34세 사이의 취업인구 가운데 미혼으로 학교에 다니지 않으면서 가사일도 하지 않는 사람을 가리키며, 취업에 대한 의욕이 전혀 없기 때문에 일할 의지는 있지만 일자리를 구하지 못하는 실업자와는 다르다. 소득이 없는 니트족은 소비 능력도 부족하기 때문에 니트족이 늘어날수록 경제의 잠재성장력을 떨어뜨리고 국내총생산도 감소시키는 등 경제에 나쁜 영향을 준다.

라 등의 실물적인 면에서 원인을 찾고 있다. 여기까지 하야시-프레스코트 모델을 가지고 해설하였는데, 솔로 모델의 상황을 조금만 조작하면 일본의 경기침체의 원인을 제시할 수 있다는 점에서 놀라지 않을 수 없다. 덧붙이면 대학원 수준에서 강의할 수밖에 없는 이 경제성장이론이 실은 단위 시간에 이루어지는 일의 양을 푸는 초등학교의 수학문제나 뉴턴의 계산이 발전한 것이며 대체로 원시적인 발상이라는 점도 흥미롭게 느껴지리라 믿는다.

제5장

순열과 조합으로 분석하는
물리현상과 사회현상

엔트로피와 양극화 사회

수학으로 생각한다

카디널리티Cardinality의 아이디어

카디널리티는 중학교 입시에서 대학입시 수학 문제까지 계속 출제되는 분야다. 그런데 재미있는 것은 그 발상이나 계산방법이 초등학생이나 고등학생이나 거의 다를 바 없다는 점이다. 즉 카디널리티의 테크닉은 나이나 발달 단계, 지식의 유무와 상관없이 매우 원시적인 아이디어에서 비롯된다. 우선 몇 가지 문제를 살펴보자.

문제

(1) 공원 벤치에 네 사람이 나란히 앉아있다. 앉는 순서를 바꾸면 총 몇 가지 경우의 수를 만들 수 있는가.

(2) 5명의 학생을 각각 3명과 2명으로 나눠 조를 짜는 방법은 몇

가지인가.

(3) 10각형에서 대각선은 모두 몇 개인가.

(4) A, B, C, D, E, F 6명의 학생 가운데 선수 3명을 뽑아 시합에 내보낼 경우, 선수를 선발하는 방법은 모두 몇 가지인가.

이 문제들은 실제로 하나하나 늘어놓고 세어보면 답을 구할 수 있다. 그런 의미에서 대수나 기하 문제보다 쉽다. 또 실제로 하나씩 늘어놓고 세는 작업은 어릴 때 경험해두는 게 좋다. 이 경험을 통해 '중복과 오차 없이 세는 것'이 얼마나 어려운지 실감할 수 있으며 경우에 따라 '어떻게 하면 힘들이지 않고 잘 셀 수 있는지' 힌트를 얻을 수 있기 때문이다. 고등학생임에도 불구하고 카디널리티 문제를 이해하지 못하는 학생도 있으리라 짐작하는데, 아마 초·중학교 때 하나씩 열거하는 게 귀찮아 '공식 암기'로 해결한 게 아닌가 싶다. 독자 여러분 가운데 자신이 이런 유형에 약하다고 생각하는 사람이 있다면 아직 늦지 않았으니 초심으로 돌아가 구체적으로 열거하는 연습부터 해보기 바란다.

●

대상을 암호화한다

카디널리티 문제를 풀 때 주의해야 할 점은 두 가지다. 첫 번째는 빠짐없이 셀 것. 두 번째는 중복되지 않게 할 것.

말은 쉽지만 실제로 해보면 어렵다. 이것을 오차 없이 구하려면 '세고 싶은 대상을 기호로 적절히 표현' 해야 한다. 조금 어렵게 말하면 '대상을 적절히 암호화' 하는 것이다.

예를 들어 문제 (3)을 풀어보자.

10각형의 대각선은 어떻게 암호화해야 할까. 가장 자연스러운 방법으로 꼭짓점에 번호 0, 1, 2, 3, 4, 5, 6, 7, 8, 9를 매기고 대각선 양끝에 있는 번호를 조합해 대각선의 암호를 만들어보자.(〈그림 5-1〉) 예를 들어 꼭짓점 1과 5를 잇는 대각선 암호는 15이다. 37이나 84도 이와 같은 의미다. 단, 44처럼 같은 점을 이어서는 안 된다. 또 23이나 56, 90과 같이 서로 이웃한 점을 이어서도 안 된다. 이것은 10각형의 '변' 이므로 대각선이 될 수 없기 때문이다. 이런 방법으로 대각선은 모두 암호화할 수 있다.

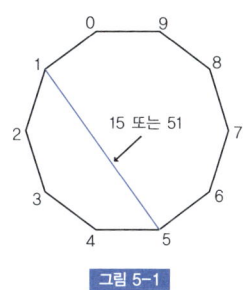

그림 5-1

암호로 만든 다음에는 중복되는 것을 제거해야 한다. 즉 '겉보기에 달라 보여도 실은 같은 암호가 있는지' 를 확실히 가려내야 한다. 즉 10각형의 대각선 15와 51은 겉보기에 다른 암호지만 같은 대각선이다.(〈그림 5-1〉). 점 1에서 5로 그은 선이나 점 5에서 1로 그은 선이나 결국 같은 대각선이기 때문이다. 카디널리티에서는 이런 중복을 없애야 한다. 이렇게 카디널리티 문제를 풀 때 중요한 것은 '어떻게 암호화할 것인가' 와 '겉보기에 다른 암호라도 같은 대상을 나타낸다면 빼야 한다' 는 두 가지 사항이다.

수형도의 테크닉

그럼 이제 카디널리티에서 자주 사용하는 '수형도'의 테크닉을 배워보자. 수형도는 '세고 싶은 대상을 암호화'하여 나뭇가지가 갈라지듯 열거하는 방법이다.

대각선을 다시 살펴보기 전에 10각형으로 수형도를 그리려면 많은 공간이 필요하므로 5각형으로 줄여 설명하기로 한다. 5각형의 대각선은 암호 a와 b의 형식으로 나타낸다. 여기서 a와 b는 모두 1에서 5까지의 숫자다. 따라서 '암호'가 될 수 있는 경우의 수는 5×5=25개인데 여기서 '있을 수 없는 경우'와 '중복'을 빼야 한다는 점에 주의해야 한다.

우선 〈그림 5-2〉를 보자. 윗단은 암호 a를 의미하고 아랫단은 암호 b를 의미한다. a는 1에서 5까지 모든 꼭짓점을 선택할 수 있지만 일단 a에 들어갈 숫자를 고르고 나면 거기서 이어지는 대각선 b는 1에서 5까지 숫자를 자유롭게 고를 수 없다.

예를 들어 a에 들어갈 숫자로 1을 선택했다면 b에서는 자기 자신(1)과 양 옆의 5, 2를 선택할 수 없다. 1, 5, 2로는 대각선을 만들 수 없기 때문이다. 그러면 처음 5개로 갈라진 선은 각각 2개씩 나누어지므로 결국 만들어진 선은 5×2=10개이다.

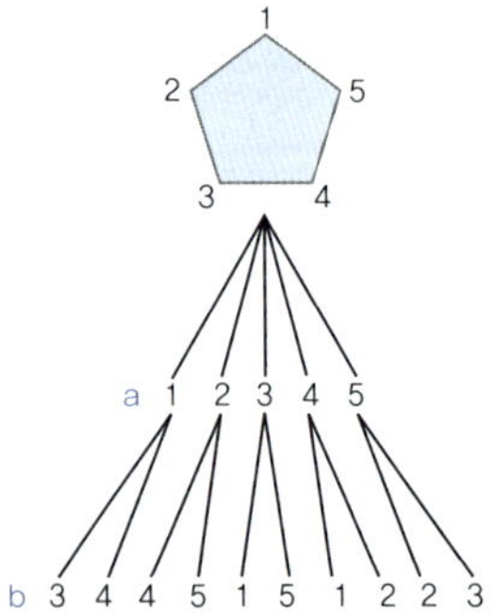

그림 5-2

이렇게 해서 암호화된 대각선을 10개 얻을 수 있다. 여기서 왜 '곱셈'을 하는지 확실히 알아둘 필요가 있다. 그것은 모든 선이 같은 수(2가지)로 갈라졌기 때문이다. 수형도에 생긴 선의 개수가 저마다 다르다면 당연히 곱셈을 할 수 없다.

이 수형도는 '빠짐없이'라는 조건은 충족시키고 있지만 아직 '중복'이 있다는 점은 고려하지 않았다. 예를 들어 선 13과 31은 겉보기에 다른 암호지만 같은 대각선을 나타낸다. 이 중복을 없애려면 어떻게 해야 할까.

이것을 가려내는 작업은 어렵지 않다. 왜냐하면 하나의 대상(대각선)이 몇 개의 다른 암호로 나타나는지 거꾸로 생각해보면 되기 때문이다. 즉 꼭짓점 1과 3을 잇는 대각선을 나타내는 암호는 13과 31 두 가지이다. 이것은 어느 대각선이나 마찬가지다. 따라서 수형도에서 얻을 수 있는 암호(숫자)는 대각선 수의 2배임을 알 수 있다. 그러므로 우리가 찾는 5각형의 대각선 수는 $5 \times 2 \div 2 = 5$개이다. 이것을 10각형에 응용하면 문제 (3)의 답을 얻을 수 있다. 즉 $10 \times 7 \div 2 = 35$개가 정답이다.

●

순열과 조합의 기법

그럼 '암호화한 수형도를 사용해 경우의 수를 헤아리는'

방법으로 (2)번 문제를 풀어보자. 다섯 명의 학생을 각각 3명과 2명으로 나누는 방법을 생각해보자. 우선 '나누는 방법'을 암호화해야 한다. 가장 먼저 다섯 명의 학생에게 1, 2, 3, 4, 5의 번호를 붙인다. 3명과 2명으로 나눌 때, 2명이 한 조를 이루는 학생부터 순서대로 고르고, 그들의 번호를 이어 15나 42와 같이 표현한다. (3명인 조를 선택해도 마찬가지이지만 두 명인 조가 생각하기 쉽다.) 이 암호가 모두 몇 가지인지 헤아리기 위해 수형도를 그려보자. 맨 윗단은 1에서 5까지 다섯 가지 경우로 나눌 수 있다. 그리고 그 선에서 갈라지는 선은 처음에 선택했던 학생을 다시 선택할 수 없으므로 각각 4개씩 나뉜다. (예를 들어 선 2에서 뻗어 나온 선은 1, 3, 4, 5의 네 가지의 경우다) 따라서 암호는 모두 5×4개이다.

다음으로 중복된 것을 빼야 한다. 예를 들어 1, 3, 5와 2, 4로 나누는 법은 암호로 어떻게 나타내는 생각해보자. 이것은 24와 42로 표현될 것이다. 이렇게 어느 한 가지 대상(나눌 수 있는 경우의 수)을 두 개의 다른 암호가 표현하기 때문에 수형도에 나타난 암호의 개수를 2로 나누면 '팀을 나눌 수 있는 경우'가 몇 가지인지 알 수 있다. 즉 구하는 수는 5×4÷2=10가지다.

다음으로 (1)번 문제를 보자. 이것은 수형도를 사용하면 지금까지 설명한 문제보다 오히려 간단하다. 네 사람을 각각 A, B, C, D라고 하자. 이 네 문자를 적당한 순서로 배열

해서 생긴 암호로 앉을 수 있는 모든 경우의 수를 나타낼 수 있다. 게다가 여기에는 '중복'도 생기지 않는다. 왜냐하면 '순서가 다르다는 것은 각기 다른 자리에 앉아 있음'을 나타내기 때문이다.

우선 가장 오른쪽 문자를 정하면 4개의 선이 갈라진다. 오른쪽에서 두 번째 앉을 사람은 첫 번째 생긴 선이 3개로 갈라지면서 결정된다. 선이 1개 줄어든 이유는 처음에 앉은 사람을 다시 선택할 수 없기 때문이다. 이 단계에서 선은 4×3개이다. 다음으로 오른쪽에서 세 번째 자리를 정해보자.

4×3개의 선에서 2개씩 선이 생긴다. 지금까지 이미 결정된 두 사람을 제외하고 선택해야 하기 때문이다. 이로써 선은 4×3×2개가 되었다. 이제 남은 사람은 한 명이므로 마지막에는 선이 한 개만 생긴다. 즉 구하고자 하는 경우의 수는 4×3×2×1=24가지이다.(〈그림 5-3〉)

이렇게 '순서가 다른 것을 다르게 해석하는' 카디널리티를 순열이라고 한다. 네 가지를 배열하는 순열은 4×3×2×1로 계산하는데 이것은 수학 기호로 간단히 4!로 표현한

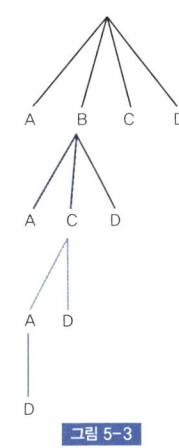

그림 5-3

다. 이렇게 1에서 n까지의 정수를 모두 곱한 것을 'n의 계승factorial'이라 하고 n에 느낌표 부호를 붙여 n!과 같이 나타낸다. 국제적인 기호로 외국에서도 두루 쓰고 있으므로 안심하고 사용해도 된다. 이 문제로 알 수 있듯이, n개의 서로 다른 요소를 적당한 순서로 배열해 만든 순열은 n!가지이다.

마지막으로 문제 (4)를 풀어보자. 여섯 명의 학생 A, B, C, D, E, F 가운데 시합에 내보낼 세 명의 선수를 선발하는 문제다. 이것도 직접 암호로 바꿔 풀 수 있다. 당신이 코치가 되었다고 생각하고 줄 서있는 6명 중에서 순서대로 세 사람을 지명한 다음 그것을 암호로 바꾸어보자. 예를 들어 EBF라고 쓰면 E, B, F 세 사람을 선수로 뽑는다는 의미다.

이렇게 만들 수 있는 암호가 몇 개인지는 수형도로 간단히 알 수 있다. 처음으로 코치가 선수를 지명하면 선이 6개 생긴다. 다음 선수는 처음 뽑힌 선수를 제외한 5명 중에서 뽑기 때문에 선은 각각 5개씩 갈라진다. 따라서 이때 생긴 선은 모두 6×5개이다. 이렇게 2명의 선수가 결정되었으므로 남은 4명 가운데 1명을 뽑으면 선수가 모두 결정된다. 즉 6×5개의 선에서 각각 4개의 선이 생기면 선수 선발은 끝난다. 암호는 총 6×5×4개이다.

이 단계까지는 아직 순열이라는 점에 주의하기 바란다. 즉 선발된 3명의 선수는 같은 '선수단'이지만 코치가 지명한 순서에 따라 다르게 셀 수 있다. 그러나 달리 보면 다른 암호가 결국엔 같은 선수단을 나타낸다. 예를 들어 EBF와 FEB는 서로 다른 암호지만 결국 같은 선수단을 의미한다. 따라서 대각선의 예에서 살펴보았듯 몇 개의 암호가 동일한 대상을 나타내는지 찾아내 그만큼 줄이는 작업이 필요하다.

예를 들어 B, F, E가 선수단이 되는 경우를 생각해보자. 이때 선발 방식을 나타내는 암호는 세 문자로 배열할 수 있는 경우의 수만큼 존재한다. 구체적으로 BEF, BFE, EBF, EFB, FBE, FEB의 여섯 가지 방법으로 지명할 수 있지만 결국 같은 선수단을 나타낸다. 실제로 이렇게 하나씩 헤아리지 않더라도 앞에서 설명한 순열을 이용하면 간단히 계산할 수 있다. $3!=3\times2\times1=6$가지다. 따라서 선수를 선발하는 경우의 수는 $(6\times5\times4)\div(3\times2\times1)=20$가지이다.

이렇게 서로 다른 n개 가운데 r개를 뽑는 경우의 수(뽑는 순서와 상관없이 마지막에 뽑힌 '선수단'만 생각한다)를 '조합'이라고 하며 기호로는 $_nC_r$로 나타낸다. 이번 문제의 경우는 $_6C_3=(6\times5\times4)\div(3\times2\times1)=20$으로 계산할 수 있다.

'동질성'과 '이질성'의 관점으로 보는 세계

지금까지의 설명으로 충분히 알 수 있으리라 짐작하는데 카디널리티를 할 때 가장 중요한 것은 새로 생긴 것을 빠짐없이 암호화한 다음 어떤 기호가 동일한 대상을 표현하는지 확실히 이해하는 것이다. 좀 그럴 듯하게 표현하면 '동질성과 이질성'이라는 관점으로 세계를 파악해야 한다.

이런 동질성, 이질성이라는 시각은 수학뿐 아니라 실생활에서도 기본이 된다. 이것이 가장 뚜렷하게 나타나는 것은 '동료의식'이나 '동포의식', '동향의식'이다. 그런데 이것은 달리 생각하면 이면에 차별이나 편견이라는 심각한 문제가 내포되어 있다. 예를 들어 월드컵 축구 경기나 야구 경기가 열리면 관중은 대부분 어떤 팀에 감정을 이입하고 경기를 지켜본다. 그렇게 봐야 훨씬 재미있다. 이때 '자신과 자국 선수단'이라는 동질성이 바탕이 되는 것은 당연한 일이다. 나아가 '같은 인종', '같은 언어권', '같은 경제권'이라는 동질성을 의식하고 본다 해도 이상할 게 없다.

그러나 동질성이라는 의식은 뒤집어보면 이질성을 의미한다. 이질성은 학교에서 벌어지는 집단 따돌림 현상이나 최근 뚜렷하게 나타나고 있는 배타적 내셔널리즘으로 이어져 큰 사회문제를 일으킨다는 점에 주목할 필요가 있다. 이런 배타의식에 대한 문제는 물리학 이야기를 한 다음 다시 살펴보기로 하자.

●
거스를 수 없는 자연현상

자연현상 가운데는 거스를 수 없는 것이 많다. 이것을 '비가역 현상'이라고 한다. 예를 들어 물에 빨간 잉크를 한 방울 떨어뜨리면 잉크가 점점 퍼져나가 물은 붉은색으로 엷게 물든다. 그러나 이 물을 그대로 둔다고 해서 어느 순간 물이 투명하게 바뀌거나 잉크 한 방울만 수면에 뜨지 않는다. 잉크의 확산은 거스를 수 없는 현상이다. 거의 비슷한 이야기인데 뜨거운 물을 담은 용기와 찬 물을 담은 용기를 접촉시켜 두면 두 용기의 물은 미지근해진다. 그러나 이것을 그대로 둔다고 해서 하나는 뜨겁게, 다른 하나는 차갑게 변하지 않는다. 그런 현상은 자연에서 일어나지 않는다. 이렇게 서로 맞닿은 물질의 온도가 같아지는 현상도 거스를 수 없는 자연현상이라고 볼 수 있다.

자연에서는 물에 떨어뜨린 잉크의 확산 현상처럼 거스를 수 없는 비가역 현상이 존재한다.

지면을 미끄러져 내려가는 물체가 갑자기 정지하는 현상도 그렇다. 이때 운동하는 물체가 지닌 에너지는 지면과 마찰해 열을 발산한다. 그러나 반대로 정지한 물체가 지면의 열을 흡수해 갑자기 저절로 움직이는 현상은 일어나지 않는다.

만약 이런 현상을 거스를 수 있다면 우리의 생활은 지금

보다 분명 편리해질 것이다. 물속에 아주 조금 섞인 유효성분을 전혀 힘들이지 않고 추출할 수 있으며 미지근한 물을 뜨거운 물과 찬물을 분리해 뜨거운 물로는 발전을 돌리고, 찬물로는 방을 식힐 수 있을 것이다. 만일 그렇게 된다면 석유 에너지도 필요가 없다. 또 지면의 열을 흡수해 움직이는 자동차가 발명된다면 에너지 문제와 환경 문제도 한꺼번에 해결된다.

그러나 경우에 따라 우리는 비가역 현상 때문에 편안하게 살 수 있다. 그릇을 두 칸으로 나눠 반은 공기를 넣고 나머지 반은 진공상태로 만들어보자. 그리고 칸막이를 없앤다. 공기는 순간 용기 전체로 퍼져나간다. 그런데 이 공기가 본래 있던 자리에서만 이동하고 나머지 공간은 진공 상태로 되돌아간다면? 물론 그런 일은 절대 일어날 수 없지만 만일 이런 일이 일어나면 우리는 숨을 쉬며 살 수가 없다. 자기 주변의 공기가 갑자기 없어지면 곧 질식사하게 될 테니까. 우리가 이런 비극과 맞닥뜨리지 않는 것은 공기가 한곳에 머물지 않고 구석구석 퍼져나가기 때문이다.

의외로 이 비가역 현상 속에는 '카디널리티' 구조가 있다. 지금부터 자세히 살펴보자.

기체분자를 수형도로 표현해보자

우선 방에서 공기가 한 곳에 집중되어 진공상태인 공간이 생기지 않는 이유를 생각해보자. 알다시피 공기는 분자라는 미세한 입자가 수없이 많이 모여 생긴다. 공기 자체는 산소나 질소 등 다양한 종류의 분자가 혼합된 것인데 편의상 여기서는 '기체분자'라 부른다.

기체분자의 개수는 약 10의 23승 정도이다. 이것은 1억×1억×1천만이므로 굉장히 큰 수다. 이들 기체분자에 1, 2, 3, 4, ……, n과 같이 번호를 붙인다. 이렇게 방대한 n개의 입자가 엄청나게 빠른 속도로 날아다니는 모습을 상상해보자. 이제 방을 반으로 나누고 한쪽을 A, 다른 쪽을 B라고 하자. 기체분자는 굉장한 속도로 여러 방향으로 날아다니는데 벽에 부딪히면 튀어 되돌아온다. 이때 어느 순간을 반복적으로 촬영하면 각 사진에 찍힌 분자는 A와 B 가운데 어느 쪽에 있을까. 아마 무작위적으로 돌아다닐 것이다. 즉 기체분자 1부터 n은 각각 A나 B에 있다. 또 그 모든 경우가 대등하게 일어난다는 것도 짐작할 수 있다. 이 순간 각 분자의 상태를 암호화하여 분자 1번의 위치, 2번의 위치를 ABAABBA……와 같이 n문자열(암호)로 배열할 수 있다. 이로써 방안의 공기 문제가 카디널리티 문제로 바뀌었다.

우선 암호가 모두 몇 개인지 세어보자. 이것도 수형도를

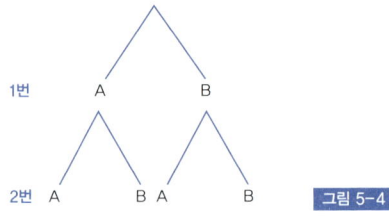

그림 5-4

사용하면 쉽게 알 수 있다.

〈그림 5-4〉와 같이 1번 분자는 A, B 중 어느 한 곳에 있으므로 선은 2가지로 갈라진다. 다음으로 2번 분자도 A, B 중 어느 한 곳에 위치하므로 선은 다시 2가지로 갈라진다. 이런 식으로 선은 계속 두 개씩 갈라지며 선 하나는 암호 하나와 대응한다. 따라서 암호는 모두 $2 \times 2 \times 2 \times \cdots \times 2 = 2^n$개가 된다.

그런데 우리에게 중요한 문제는 몇 번 분자가 어느 방에 있느냐가 아니다. 핵심은 '두 개의 방에 기체분자가 몇 개씩 들어 있느냐'이다. 좀 더 정확히 말하면 '질식할 정도로 한쪽 방의 공기가 희박해질 수 있는지' 여부다. 이 궁금증을 푸는 데 어느 분자가 어디에 있는지는 상관이 없다. 개수만이 문제다.

●

방이 진공상태가 될 수 없는 이유

이번에는 앞에서 구한 2^n개의 경우 중에서 'A에 k개, B

에 n-k개'의 분자가 들어있는 경우는 몇 가지인지 살펴보자. 이것은 문제 (2), (4)와 같다. 1부터 n까지의 분자 중에서 k개를 골라 A에 넣는 조합이기 때문이다. 그러므로 답을 구하려면 조합의 테크닉을 사용해야한다. 따라서 이것은 $_nC_k$ 개가 된다.

이제부터가 중요하다. 결론부터 말하면 n이 어느 정도 큰 수라면 2^n개의 경우는 대부분 'n을 반으로 나눈 수와 가까운 부분'에 집중된다. 구체적인 예를 살펴보자.

〈표 5-1〉은 36개 중에서 k개를 고른 조합의 총수를 나타낸다. 왼쪽 칸이 k, 오른쪽 칸이 조합한 총수이다. 예를 들어 위에서 두 번째 단은 36개 가운데 1개를 선택한 조합의 수가 모두 36가지임을 나타낸다($_{36}C_1$ =36). 보면 알 수 있듯이 36의 반에 해당하는 18 근처에 대부분의 경우가 집중되어 있다. 즉 조합의 총수는 k가 12에서 24 정도일 때 가장 많고 11 이하와 25 이상인 경우 눈에 띄게 줄어든다. 실제로 12에서 24 사이의 조합의 총수는 총 667억 3920만 6840가지로 전체 총수(2^{23}) 687억 1947만 6736가지의 약 97%를 차지한다. 즉 기체분자가 36개일 경우, 방 A의 분자 수는 전체를 반으로 나눈 수(18)를 기준으로 플러스마이너스 6의 범위(12에서 24 사이)에 있을 확률이 약 97%이다.

여기서 '한쪽 방이 진공 상태'가 되는 일이 절대 있을 수 없음을 알 수 있다. 분자 수가 36개밖에 없는 이 경우에도 방 A가 진공상태가 될 확률은 687억 1947만 6736분의 1이

0	1
1	36
2	630
3	7140
4	58905
5	376992
6	1947792
7	8347680
8	30260340
9	94143280
10	254186856
11	600805296
12	1251677700
13	2310789600
14	3796297200
15	5567902560
16	7307872110
17	8597496600
18	9075135300
19	8597496600
20	7307872110
21	5567902560
22	3796297200
23	2310789600
24	1251677700
25	600805296
26	254186856
27	94143280
28	30260340
29	8347680
30	1947792
31	376992
32	58905
33	7140
34	630
35	36
36	1

표 5-1

다. 현실 세계에서 분자 수 n은 1억×1억×1천만 개이므로 '절대' 일어날 수 없는 일이라고 확신할 수 있다.

그럼 '질식할 정도로 한쪽 방의 공기가 희박해지는' 경우는 어떨까. 통계학에서는 다음과 같은 법칙이 널리 알려져 있다. 분자 수가 n개이고 n이 충분히 큰 수라면, 방 A의 분자 수는 $n \times \frac{1}{2}$을 기준으로 $\sqrt{n}$개보다 많아지거나 적어질 확률이 5% 정도이다. 실제로 〈표 5-1〉에서 n이 36일 경우, $\sqrt{36}=6$이므로 이 법칙과 꼭 들어맞는다. 게다가 전체의 반을 기준으로 $\sqrt{n}$의 2배보다 많아지거나 적어질 확률은 천분의 일, 만 분의 일이다.

앞에서 설명했듯이 n이 10의 23승인 경우, $\sqrt{n}$는 거의 12자리 숫자가 된다. 큰 수인 것처럼 보이지만 실제 분자 수와 비교하면 굉장히 작은 수이다. 즉 방 A의 분자 수는 전체를 반으로 나눈 수를 기준으로 0.0000000000012의 비율로 방에서 벗어나려 하지만 이것은 그야말로 '만의 하나'다. 그러므로 질식할 정도로 방 한 켠의 공기가 희박해지는 일은 절대 일어날 수 없다.

여담인데 지방에는 '가마이타치(낫족제비'라는 뜻. 추울 때 낫으로 벤 듯이 피부가 저절로 찢어지는 현상_역자주)'라는 말이 있다. 이것은 산길을 걷는 사람의 손이나 다리가 살짝 베여 피가 날 것처럼 되는 현상을 가리키는 말이다. '낫을 가진 족제비' 요괴의 소행이라고 여겨 생긴 명칭이라고 한다. 이 현상의 과학적인 원인은 '갑자기 공

분자 수가 36개인 방

기 중에 생기는 진공' 때문이라고 설명하는 것을 들었는데 과학적 근거는 확인되지 않은 것 같다. 실제로 좀 전에 살펴보았듯 이런 현상은 확률적으로 '절대'라 단언할 수 있을 정도로 일어나지 않기 때문이다.

●
복잡해지려는 힘

이렇게 기체분자가 방안 가득 퍼져나가는 성질을 '확산'이라고 한다. 기체의 확산은 압력으로 나타난다. 기체가 확산하는 압력을 이용해 움직이는 것이 증기기관이다. 와트의 발명을 둘러싼 에피소드는 이미 3장에서 살펴보았다.

이 '분자의 확산'이라는 성질을 최초로 발견한 사람은 18세기 학자인 다니엘 베르누이였다고 한다. 그러나 이 뛰어난 발견은 그다지 주목받지 못했다. 그 후 근대 원자론의 창시자로 18세기에서 19세기에 활동한 화학자 존 돌턴은 기체분자가 서로 반발력을 지니고 있으며 그것이 압력의 원인이 된다고 생각했다. 공중에 있는 물체가 중력에 의한 위치 에너지를 줄이기 위해 지면을 향해 낙하하는 것과 마찬가지로 기체분자도 서로 가까운 거리에 있기 때문에 축적된 위치 에너지를 감소시키기 위해 확산된다고 보았다.

그러나 실제로 그렇지 않다는 사실이 밝혀졌다. 확산을 이해하는 데에는 '조합'이라는 발상이 필요하다. 자연계는

다니엘 베르누이(Daniel Bernoulli, 1700~1782)는 열(熱)이 분자의 운동에 의한다는 기체분자 운동론을 주장했으며 이 주장은 당시로는 매우 선구적이었다.

근대적인 원자론의 창시자인 존 돌턴(John Dalton, 1766~1844)

'가능한 한 조합을 늘리려는' 습성이 있다. 기체분자의 경우에는 그 습성이 확산현상으로 나타난다. 한쪽 방에 갇혀 있는 것보다 두 개의 방을 드나들어야 더 많은 조합을 만들 수 있다. '보다 자유로워진다'고 바꾸어 말할 수 있다. 그러

엔트로피

1868년 독일의 물리학자 루돌프 클라우지우스에 의해 창안된 개념인 엔트로피는 더 이상 일로 바꿀 수 없는 에너지의 양에 대한 척도를 나타내는 개념이다. 일은 에너지가 높은 농도에서 낮은 농도로 옮겨갈 때 발생한다. 예를 들어 댐에 가득 찬 물이 높은 곳에서 낮은 곳으로 떨어져 발전기를 돌려 전기를 일으키거나 해서 일을 할 수 있다. 하지만 낮은 곳으로 떨어진 물은 더 이상 일을 할 수 없다. 댐 위에 있는 물은 사용 가능한 에너지, 바닥에 있는 물은 사용 불가능한 에너지라고 부른다. 이때 사용 가능한 에너지의 감소는 엔트로피의 증가를 뜻한다.

에너지는 엔트로피를 증가하는 방향으로 흐른다는 엔트로피의 법칙은 열역학 제2의 법칙과 관련이 깊다. 열역학 제1의 법칙인 에너지 보존의 법칙에 따르면 우주의 에너지 총량은 언제나 일정하게 고정되어 있다. 하지만 차가운 물체가 자발적으로 뜨겁게 되지 않듯이 에너지의 흐름에는 일정한 방향이 있다. 예를 들어 보면, 불에 달군 쇠를 공기 중에 놓아두면 주위의 공기는 따뜻해지고 쇠는 차갑게 식어간다. 이유는 열이 뜨거운 곳에서부터 찬 곳으로 흐르기 때문이다. 그러나 차가워진 쇠가 다시 공기 중으로 흩어진 열을 모아서 뜨거워지지는 않는다. 이처럼 차가운 쇠가 뜨거워지지 않는 것처럼 되돌릴 수 없는 현상을 비가역 현상이라고 한다. 여기서 엔트로피의 법칙 나오는데 자연에서 엔트로피는 항상 증가하는 방향으로 움직인다는 것이다.

므로 기체분자가 확산하는 성질은 압력으로 나타나는데 이러한 물리현상의 '조합'을 '엔트로피'라고 한다. 자연은 가능한 한 엔트로피를 증가시키며 움직이는 습성이 있다.

물리에서 비가역 현상은 이 엔트로피 증가에 따른 결과

에너지가 뜨거운 곳에서 차가운 곳으로 이동하는 것이나 방 안의 공기가 진공상태의 공간으로 퍼져가는 것 등은 엔트로피가 증가하는 방향으로 움직인다는 예이다. 고립된 계(에너지의 교환은 일어나나 물질의 교환은 일어나지 않는 계)에서 모든 에너지는 질서가 있는 상태로부터 무질서한 상태로 에너지가 옮겨 간다. 에너지 농도가 가장 높고 사용 가능한 에너지가 최대인 상태가 최소의 엔트로피 상태이며, 가장 질서가 있는 상태이다. 반면 사용 가능한 에너지가 분산되고 흩어져 있는 상태는 엔트로피가 최대인 상태이며 가장 무질서한 상태이다.

독일의 물리학자 루트비히 볼츠만은 닫힌계에서 엔트로피가 증가한다는 것을 인정했지만 절대적인 확실성을 가진 것이라는 점에 대해서는 회의적이었다. 즉, 에너지가 차가운 곳에서 뜨거운 곳으로 옮겨갈 확률이 아주 적을 뿐이지 전혀 불가능한 것은 아니라고 생각한 것이다. 엔트로피의 법칙을 확률 이론이나 통계적 법칙으로 이해한 것이다. 많은 과학자들이 볼츠만의 의견이 옳은 것으로 받아들이고 있다. 한편 아서 에딩턴(Arthur Eddington)은 두 개의 방으로 나눠진 공간(한쪽은 진공, 한쪽은 공기가 있는 방)의 칸막이를 제거했을 때 어느 한쪽 방이 진공으로 될 가능성은 한 무리의 원숭이들이 타자기 위로 돌아다니면서 영국 박물관에 소장되어 있는 모든 책을 타이핑할 가능성보다 작다고 말한 바 있다.

엔트로피 개념을 창안한 독일의 물리학자 클라우지우스(R. Clausius, 1822~1888)

다. 조합을 늘리려는 습성 때문에 한쪽 방에 갇혀 있던 기체분자는 벽이 없어지자마자 방 전체로 퍼져나간다. 이렇게 확산된 기체분자는 양쪽 방을 날아다니지만 그 분자량이 워낙 방대하기 때문에 한쪽에만 머물 확률은 제로에 가깝다. 따라서 기체분자가 한쪽에 몰리는 일은 결코 일어나지 않는다. 두 방의 분자 수에 다소 차이는 있겠지만 그것은 아주 미미한 차이일 뿐이다. 이것이 최대한 자유를 얻은 기체분자가 본래의 상태로 되돌아가지 않는 이유다.

●
열 현상과 엔트로피를 돈에 비유해 보자

열에 관한 자연현상은 대부분 비가역 현상이다. 가장 단순한 것은 앞에 소개한 뜨거운 물체와 차가운 물체를 접촉시켰을 때, 뜨거운 물체에서 차가운 물체로 열량이 이동해 온도가 비슷해지다가 결국 같아지는 예이다. 이 엔트로피를 조합의 개념으로 살펴보려면 어떻게 해야 할까.

무엇보다 열 현상이란 분자 운동의 결과임을 알아야 한다. 액체든 기체든 물질 내부에는 방대한 분자들이 움직이며 돌아다닌다. 이들 분자가 지닌 에너지(예를 들어 운동 에너지라면 질량과 속도의 제곱에 비례하는 양)는 열이다. 즉 뜨거운 물질은 차가운 물질에 비해 분자가 그 만큼 빠른 속도로 움직인다. 액체나 기체의 '온도'란 평균적으로 분자 1개가 지닌 에너지임을 기억해 두자.

　자연이 온도를 균일화하는 쪽으로 움직이고, 그와 반대되는 현상이 일어나지 않는 이유는 균일화가 '조합을 늘리기' 때문이다. 즉 열이 높은 곳(고온)에서 낮은 곳(저온)으로 이동하는 것은 엔트로피를 증가시키는 현상이다.

　초보자에게는 분자보다는 돈을 이용해 설명하는 게 쉬울 것 같다. 다른 예로 설명해보자. 분자를 국민, 에너지를 자산으로 바꾸어 생각해보자. 복잡하게 퍼져나가려 하는 분자의 습성에 따라 만들어진 '최대의 조합'은 다음과 같이 바꾸어 쓸 수 있다. '일정 자산을 국민에게 배분할 경우, 누구에게 얼마를 배분할 것인지 조합해보고 그 조합한 수가 가장 커지는 배분'을 '최대의 조합'이라고 볼 수 있다. 이 이야기로 뜨거운 물체와 차가운 물체의 접촉을 설명하면 다음과 같다.

　현재 우호관계에 있는 두 나라를 A, B라고 하자. 두 나라는 국민의 왕래는 허용하지 않지만 자산의 이동은 인정한다. 이제 양국 국민에게 합산한 일정 자산을 나누어 줄 때 최대의 조합이 가장 큰 자산 배분을 구하면 된다.

　계산은 생략하고 결론만 살펴보자. 조합한 수가 최대가 되는 자산 분배라면 국가 A의 1인당 자산액과 국가 B의 1인당 자산액은 일치한다. 그런데 1인당 자산액은 분자 1개당 평균 에너지에 해당한다. 앞서 언급했듯이 분자 1개당 평균 에너지는 온도이다. 따라서 이것은 조합한 총수가 최대화된 결과, 두 물질의 온도가 같아질 수밖에 없음을 의미한다.

● **양극화 사회와 엔트로피**

지금까지 살펴보았듯이 자연계는 물질이 미세한 수준 micro level인 경우 상태 조합의 총수가 증가하는 방향, 즉 '보다 복잡해지는 방향'으로 옮겨가는(움직이는) 습성이 있다. 그럼 사회는 어떨까.

사회는 반드시 그렇지 않다. 사회는 보다 복잡해지는 방향이 아니라 보다 조직화된 방향, 보다 규칙적인 방향으로 이동하는 습성이 있는 것 같다. 비유적으로 표현하면 사회에서는 엔트로피의 감소가 나타난다고 할 수 있다.

복잡계 경제학의 개척자로 유명한 경제학자 폴 크루그먼

이것을 수학이론으로 설명한 모델은 3장에서도 설명한 폴 크루그먼의 『자기 조직의 경제』라는 책에 있다. 이 책에서 크루그먼은 토머스 셸링 Thomas C. Schelling, 1921~의 연구를 소개했다. 셸링은 게임 이론의 선구적 연구자로 2005년 노벨 경제학상을 수상하기도 했다.

토머스 셸링은 갈등과 협상에 대한 게임이론을 주창한 경제학자로 2005년 노벨경제학상을 수상했다.

셸링은 인종별로 다른 지역에 사는 원인을 다음과 같은 수학이론으로 설명했다. 우선 체스판처럼 64개의 구역으로 나눈 도시를 상상해보자. 여기에 두 종류의 인종 A와 B가 있다고 하자. 두 인종은 원수지간은 아니지만 어느 정도 껄끄러운 관계라고 가정한다. 이를테면 다음과 같은 상황이

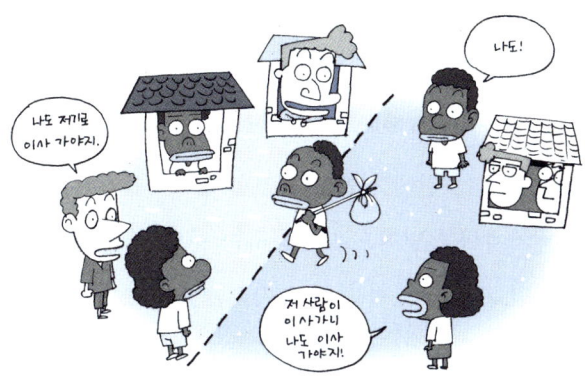

다. 주민 1명에 대해 이웃이 1명일 경우, 그 이웃이 같은 인종이 아니면 이동한다. 이웃이 2명일 경우, 이웃 가운데 적어도 1명이 같은 인종이어야 한다. 그렇지 않으면 이동한다. 마찬가지로 이웃이 3명에서 5명일 경우 최소한 2명이 같은 인종이 아니면 이동한다. 이웃이 6명에서 8명 있을 경우, 적어도 3명이 같은 인종이 아니면 이동한다. 이렇게 적어도 이웃이 반 정도는 같은 인종이어야 정착한다.

이것을 보면 주민의 인종에 관한 집착은 그리 강한 게 아

	B	A	B	A	B	A	
B	A	B	A	B	A	B	A
	B	A	B	A	B	A	
B	A	B	A	B	A	B	A
	B	A	B	A	B	A	
B	A	B	A	B	A	B	A
	B	A	B	A	B	A	
	A	B	A	B	A	B	

그림 5-5

B	B		B		B	B	B
B	B	B		B		B	B
B	B	B	B	A	A		
B	B	B	A	A		A	
A	A	A	A	A	A	A	
	A	A	A	A	A	A	A
A						A	
		A	A			A	

그림 5-6

닐 수도 있다. 실제 체스판에서 A와 B가 완벽하게 서로 번갈아 가며 거주하는 상태(검은 모눈에는 A를, 흰 모눈에는 B를 넣은 것)(《그림 5-5》)는 이동하지 않고 거주할 조건을 만족시킨다. 그런데 실제로 해보면 알 수 있겠지만, 이 균일한 배치에서 우발적으로 이동하는 주민이 단 한 명이라도 생기면 가만히 있지 못하고 자리를 옮기는 주민이 등장한다. 그래서 다시 그 주민들이 만족할 수 있도록 연쇄적으로 이동하게 된다. 이런 일이 반복되면 결국 인종 A와 인종 B는 거의 두 지역에 나뉘어 살게 된다.(《그림 5-6》. 여러분도 실제로 해보기 바란다)

셸링의 이 모델은 인간 사회가 완전한 무작위화, 즉 조합이 많아지는 쪽으로 움직이는 게 아니라 일종의 질서를 만드는 습성이 있음을 시사한다. 이렇게 단순한 가정에서도 그러할진대 여기에 약간의 배타적 의식이 개입되면 오죽할까. 이질성을 배제하는 경향이 절대적으로 나타난다고 해도 이상할 게 없다. 셸링의 모델은 경우에 따라 인간의 사소한 배타의식이 뚜렷한 분리 행동을 일으킬 가능성이 있음을 설명하고 있다.

●

양극화의 원인: '정보와 네트워크'

사회에서 엔트로피가 감소할 때 나타나는 가장 심각한

문제는 학교 교육에 의해 부모의 사회적 지위가 자식에게 대물림되는 현상이다. 현재 학부모의 15%가 자녀를 명문 사립학교에 진학시키고 싶어 한다는 조사 결과가 있다. 한편 도쿄대 합격생을 둔 부모의 평균 연봉은 1000만 엔 정도인데 이것은 국민 전체 평균연봉의 약 두 배라는 통계도 있다. 드라마로 제작된 만화 〈드래곤 사쿠라〉는 '도쿄대에 가는 것이 성공의 지름길'이라는 메시지로 화제가 되었다. '성공한 부모가 자식도 성공하게 만든다'는 사실이 선명하고 강렬한 인상을 남겼음이 틀림없다.

실제로 히구치 요시오의 논문 "대학교육과 소득분배"에 따르면 1980년부터 1990년까지 '상위권 대학(국·사립 불문)'에 다니는 학생을 대상으로 부모의 소득을 조사한 결과 상위권 대학 학부모의 소득이 유의미하게 높았다. 또 국립대학은 입학금과 학비가 모두 같음에도 불구하고 성적으로 분류했을 때 상위권 국립대학의 학부모 소득이 중위권 국립대학의 학부모 소득보다 유의미하게 높았다.

이것은 단순히 가계의 소득 수준에 따라 자녀의 대학 진학 여부가 결정되는 것이 아님을 나타낸다. 히구치는 '부모의 소득과 자녀의 성적은 어느 정도 관련성이 있다'고 기술했으며 그 근거를 다음과 같이 정리했다. 한 가지는 부모에게 물려받은 능력이 유전되는 것이고 다른 하나는 책을 접할 기회가 많다는 가정적 요인이다. 히구치는 후자가 원인이 될 수 있다고 서술했다. 그러나 필자는 이 문제에 다른 의견을 갖고 있다. 사회적 지위가 높은 부모의 자녀는 명문 사립학교에 다니는 비율이 높고 그것이 대학 입시에 유리하게 작용해 결과적으로 높은 학력을 갖게 하는 게 아닐까. 실제로 도쿄대 입학생 가운데 명문 사립학교 졸업생이 차지하는 비율은 항상 높은 편이다.

그렇다면 명문 사립학교에 다니는 학생이 입시에 성공하는 이유는 무엇일까. 그것은 유소년기부터 뛰어난 학생이 모여 각자 우수한 자질을 발휘하기 때문에 자연히 도쿄대에 합격하게 되는 단순한 구조가 아닐까. 이것은 한마디로 '정보와 네트워크'의 산물이라 할 수 있다.

도쿄대 입시에 합격하려면 훌륭한 사설학원과 좋은 참고서, 입시 과목의 난이도나 출제 경향에 대한 정보가 필요하다. 이런 정보는 돈으로 사는 게 아니라 보통 입소문으로 얻을 수 있다. 명문 사립학교 학생들은 매일 이런 입소문(정보)과 접한다. 선배가 후배에게 정보를 주고 중학교 입시를 치르며 형성된 부모들의 네트워크가 그 후에도 효과적인 정보 교환의 기능을 하기 때문이다.

●

자기 조직화와 엔트로피의 감소

셸링의 인종 분포 모델은 '학교제도를 통해 불평등이 재생산되는' 문제를 생각할 때 중요한 힌트가 된다. 이 모델에서는 소수 몇 사람의 집착이 눈에 띄는 '분포'를 만들어냈다. 누군가가 우발적으로 이주한 결과 균형이 무너지고 이 작은 차이는 무시할 수 없는 차이가 되었다. 그 차이를 해소하기 위해 생긴 움직임이 또 다른 곳에 차이를 만든다. 이런 식의 연쇄작용에 의해 결국은 커다란 '자기 조직화'가 일어났다. 학교제도에도 그와 비슷한 양상이 나타나는 게 아닐까.

경제가 성장하여 국민경제가 풍요로워지고 재화나 서비스를 선택할 수 있는 폭도 넓어졌다. 이때, 일부 학부모들은 자녀가 명문 사립학교의 교육 서비스를 받을 수 있도록 소득을 지출한다. 그런 부모는 교육의 가치를 충분히 잘 알고 있는, 기본적으로 사회적 지위가 높은 사람들이다. 이것은 사회에 처음으로 작은 차이를 만든다.

명문 사립학교에 사회적 지위가 높은 부모의 자녀가 다니는 경향이 약간 높아지는 반면 공립학교의 그것은 약간 낮아진다. 이것은 (셸링 모델과 마찬가지로) 다른 부모에게 영향을 준다. 공립학교보다 명문 사립학교를 선택하는 부모가 점점 많아진다. 이런 경향은 '자기 조직화'를 만들어내며 점점 박차를 가한다.

그러는 사이에 공립학교에는 교육에 무관심한 부모의 자녀, 경제적으로 넉넉하지 못한 가정의 자녀, 공부에 무관심한 아이, 가정에 문제가 있는 아이가 이전보다 눈에 띄게 많아진다. 또 앞에서 언급한 명문 사립학교에만 존재하는 '정보와 네트워크'가 '자기 조직화'하여 보다 가능성이 높

복잡계 과학을 연구하면서 자기 조직화를 밝힌
일리야 프리고진(Ilya prigogine, 1917~2003)

자기 조직화

자연에서 엔트로피는 증가하는 방향으로 움직인다는 엔트로피의 법칙은 사회 현상에서 종종 다른 양상으로 나타난다. 여기서 보듯 엔트로피가 감소하는 방향으로 움직이는 자기 조직화가 일어나는 것이다. 물론 엔트로피가 감소하는 현상에 대한 논의는 자연현상에서 먼저 시작했다. 자기 조직화라는 용어를 처음 사용한 영국의 정신과 의사 애슈비(W.R. Ashby)는 물질과 에너지에서는 열려 있어 서로 주고받으나 정보나 제어에서는 닫혀 있는 계에 대해서 논의하면서 자기 조직화하는 체계에 대해서 논했다. 특히 에너지 보존의 법칙과 엔트로피 증가의 법칙을 바탕으로 하는 기존의 평형 열역학에서 탈피하여 비평형 상태에서 일어나는 비가역적 현상에 주목하는 복잡계 과학을 연구했던 프리고진은 자연계에서도 엔트로피를 감소시키는 현상이 있음을 밝혀냈다. 프리고진은 물질과 에너지의 출입이 가능한 열린계가 평형에서 멀리 떨어져 있으면 미시적 요동의 결과로 무질서하게 흐트러져 있는 주위에서 에너지를 흡수하여 엔트로피를 오히려 감소시키면서 거시적으로 안정적인 새로운 구조가 출현할 수 있다고 밝힌 것이다. 그렇게 생성된 새로운 구조를 '산일구조' dissipative structure라고 하고, 그런 구조가 자발적으로 나타나게 된다는 뜻에서 '자기 조직화' self-organization라고도 한다.

아지는 것도 무시할 수 없다. 이 상호작용의 결과 명문 사립학교와 공립학교의 '구분'이 명확해지는 게 아닐까. 이것은 바로 '사회에서 엔트로피가 감소'하는 현상을 나타낸다고 할 수 있다.

제6장

집합으로 이해하는
사회의 역학관계

집합과 벤다이어그램

이 장에서는 '집합의 계산'을 소개한다. 집합 계산에서는 어떤 모임을 구성원의 성질에 따라 분류하고 그 분류에 중복되는 것이 있을 경우 식별하는 방법을 묻는다. 이 유형 역시 초등학교 수학 교과과정을 마친 뒤에도 자주 접하게 되는 분야다. 고등학교나 대입시험뿐 아니라 사회인이 된 후에 치르는 공무원 시험이나 입사 시험에도 자주 등장한다. 구체적으로 전형적인 문제 유형은 다음과 같다.

문제 1 38명에게 두 문제를 냈다. 1번 문제를 푼 학생은 18명, 2번 문제를 푼 학생은 26명, 두 문제 모두 풀지 못한 학생은 6명이었다. 두 문제를 모두 푼 학생은 몇 명인가.

문제 2 36명의 학생을 대상으로 체육대회에서 구기 종목 희망자를 조사한 결과, 농구가 13명, 배구가 11명, 축구가 18명이었다. 3종목을 모두 희망한 학생은 3명, 한 종목만 희망한 학생은 25명이었다. 아무것도 선택하지 않은 학생은 몇 명인가.

문제 3 1에서 200까지 정수에 대해 다음과 같은 정수의 개수를 구하라.
(1) 3 또는 5로 나눌 수 있는 정수
(2) 2 또는 3 또는 5로 나눌 수 있는 정수

벤다이어그램을 만든 영국의 철학자이자 수학자인 존 벤(John Venn; 1834~1924)

이런 문제는 중복된 요소를 제외하며 푸는 게 요령이다. 이때 집합을 그림으로 나타낸 벤다이어그램을 적절히 이용하면 편리하다. 벤다이어그램이란 전체 집합을 사각형으로 그리고 그 안에 문제에서 제시한 집합을 원으로 그려 나타낸 것을 말한다. 여러 집합에 공통적으로 포함되는 요소가 있을 경우 그것은 원과 원이 겹치는 부분에 표시한다.

〈문제 1〉을 구체적으로 설명하면 A는 1번 문제를 푼 학생의 집합, B는 2번 문제를 푼 학생의 집합이다. 중요한 것은 이 집합에 겹치는 부분, 즉 '두 문제를 모두 푼 학생'이 존재하므로 A와 B를 서로 겹치게 그려야 한다는 점이다. A와 B가 겹치는 부분이 D영역인데 이 D가 두 집합을 연결하는 역할(교집합)을 한다. C영역은 1번 문제만 푼 학생, E영역은 2번 문제만 푼 학생을 나타낸다.(〈그림 6-1〉)

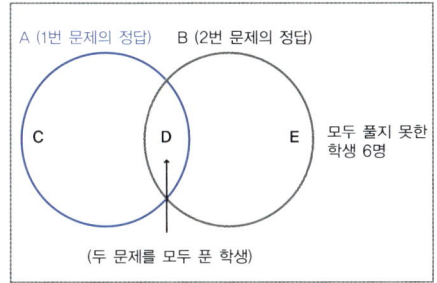

그림 6-1

문제에서는 전체 구성원이 38명, 두 문제 모두 못 푼 학생이 6명이므로 '1번 문제(C)나 2번 문제만(E) 또는 두 문제 모두 푼 학생(D)은 38-6=32명임을 알 수 있다. 여기서 주의해야 할 것은 이것이 A의 학생 수+B의 학생 수와 일치하지 않는다는 점이다. A와 B에 중복이 있음을 잊어서는 안 된다.

이 계산에서는 두 집합에 공통으로 해당하는 D부분을 두 번 더한 셈이다. '1번 문제나 2번 문제만 또는 양쪽 모두 푼 학생 32명'을 계산하려면 공통된 부분에 해당하는 D를 1번만 더해야 한다. 즉,

1번 문제만 또는 2번 문제만 또는 두 문제 모두 푼 학생
=A와 B 가운데 적어도 어느 한쪽에 포함되는 학생 수
=C의 학생 수+D의 학생 수+E의 학생 수
=A의 학생 수+B의 학생 수-D의 학생 수 …… ①

문제에서 A는 18명, B는 26명이므로 32=18+26-D의 학생 수이며, 따라서 D의 학생 수=18+26-32=12명이다.

①의 등식에서 두 번째와 마지막 식을 떼어 낸 다음과 같은 식이 집합의 기본 식이다.

A와 B 가운데 적어도 어느 한쪽에 포함되는 학생 수
=A의 학생 수+B의 학생 수-A와 B 양쪽에 포함되는 학생 수……②

이 공식은 '집합이 두 개인 경우의 포함배제의 원리'라 부른다. 포함배제의 원리란 '포함하나 배제하는 원리'라는 뜻인데 다음의 내용에서 알 수 있듯이 중복된 부분을 신중하게 제외하기 위해 더하거나 빼는 계산이다.

〈문제 3〉의 ①도 이 문제와 똑같은 유형이라고 할 수 있다. 왜 그럴까. 풀어보면 알 수 있다.

벤다이어그램은 〈그림 6-2〉와 같다. A는 3의 배수의 집합, B는 5의 배수의 집합을 나타낸다. 여기서 공통된 부분 D가 '3의 배수인 동시에 5의 배수인 정수'의 집합이란 점에 주의해야 한다. 3과 5로 나눌 수 있다는 것은 15의 배수라는 뜻이므로 D는 15의 배수의 집합이다.

1에서 200까지 n의 배수가 몇 개인지 구하려면 200을 n으로 나눈 (나머지는 버린다) 몫을 구하면 된다. 따라서

A의 개수=200÷3의 몫=66

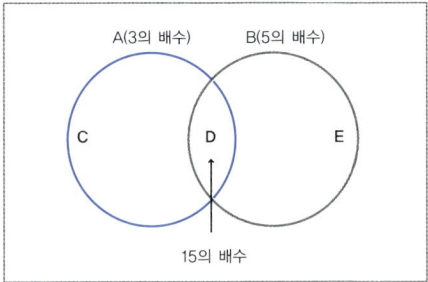

그림 6-2

B의 개수=200÷5의 몫=40

D의 개수=200÷15의 몫=13이다.

여기서 '집합이 2개일 경우의 포함배제의 원리'의 식 (②)을 이용하면

1에서 200까지의 정수이며 3 또는 5로 나눌 수 있는 정수의 개수
=A와 B 가운데 적어도 어느 한쪽에 포함되는 정수의 개수
=A의 개수+B의 개수-D의 개수
=66+40-13=93개가 정답이다.

집합이 3개일 때 포함배제의 원리

지금까지 포함배제의 원리를 살펴보았다. 〈문제 2〉나 〈문제 3〉의 (2)도 같은 방법으로 풀면 되는데 집합이 3개로 늘어나면 포함배제의 원리가 상당히 복잡해진다는 게 옥에 티다. 벤다이어그램에서 알 수 있듯이 2개의 그룹이 겹치는 부분과 3개의 그룹이 겹치는 부분이 있다.

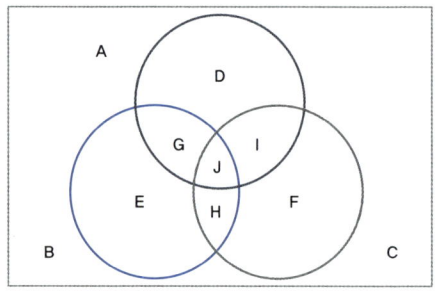

그림 6-3

세 그룹을 각각 A, B, C라고 하면 두 그룹만 겹치는 부분은 G, H, I, 세 그룹이 겹치는 부분은 J이다.(〈그림 6-3〉) 여기서 마찬가지로 'A와 B와 C 가운데 적어도 어느 한 곳에 포함되는 구성원'의 수를 계산해보자. 즉 (중복되지 않고) 각각 D, E, F, G, H, I, J에 포함되는 구성원의 수를 더한 결과가 산출되는 식을 만들어야 한다.

우선 단순하게 (A의 개수)+(B의 개수)+(C의 개수)를 계산하면 어떻게 되는지 살펴보자. 교집합 부분이 여러 번

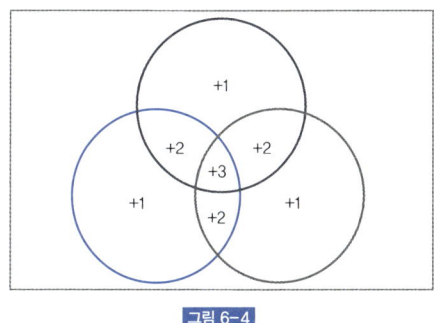
그림 6-4

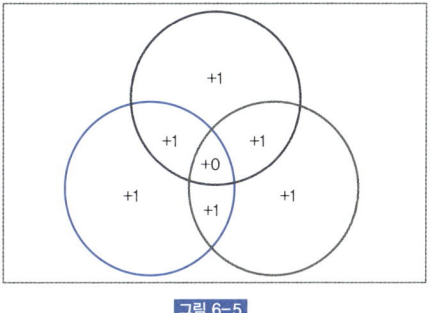
그림 6-5

중복 계산된다는 점에 주의해야 한다. 구체적으로 G와 H와 I의 구성원은 2번씩 계산되며 J의 구성원은 3번씩 계산된다.(〈그림 6-4〉)

이제 나온 합에서 (A와 B 양쪽에 포함되는 개수)와 (B와 C 양쪽에 포함되는 개수)와 (A와 C 양쪽에 포함되는 개수)를 1번씩 뺄셈하여 조정해보자. (A의 개수)+(B의 개수)+(C의 개수)-(A와 B 양쪽에 포함되는 개수)-(B와 C 양쪽에 포함되는 개수)-(A와 C 양쪽에 포함되는 개수)를 계산한다.(〈그림 6-5〉)

〈그림 6-5〉로 알 수 있듯이 G와 H와 I 부분의 구성원은 한 번만 셀 수 있게 잘 남겨졌지만 J부분은 뺄셈을 너무 많이 해서 구성원이 완전히 제외되었다. 여기서 마지막으로 A와 B와 C에 모두 포함되는 개수를 1번 더하면 원하던 공식을 얻을 수 있다.

A와 B와 C 가운데 적어도 어느 한쪽에 포함되는 구성원의 수
=(A의 개수)+(B의 개수)+(C의 개수)-(A와 B 양쪽에 포함되는 개수)-(B와 C 양쪽에 포함되는 개수)-(A와 C 양쪽에 포함되는 개수)+(A와 B와 C에 모두 포함되는 개수)……③

이것이 '집합이 3개인 경우 포함배제의 원리'의 식이다. 이 식을 보고 느꼈겠지만, 집합계산에서 '포함배제의 원리'는 초등학교 수학의 원시적 발상에서 벗어나 수학의 보편적 조작성에 한 발 가까이 다가갔다고 할 수 있다. 이 방법론을 마지막 장에서 놓은 것은 그런 이유 때문이다.

포함배제의 원리를 응용해보자

그럼 이것을 사용하기 전에 〈문제 3〉의 (2)를 풀어보자.
집합 A, B, C를 각각 2의 배수, 3의 배수, 5의 배수로 된 집합이라고 하자. '2 또는 3 또는 5로 나눌 수 있는 수의 개수'란 'A와 B와 C 가운데 적어도 어느 한쪽에 포함되는 구성원의 수'와 같다. 따라서 포함배제의 원리를 직접 사용할 수 있다.

A의 개수=200÷2의 몫=100
B의 개수=200÷3의 몫=66
C의 개수=200÷5의 몫=40

A와 B 양쪽에 포함되는 개수

＝6의 배수의 개수＝200÷6의 몫＝33개

B와 C 양쪽에 포함되는 개수

＝15의 배수의 개수＝200÷15의 몫＝13개

A와 C 양쪽에 포함되는 개수

＝10의 배수의 개수＝200÷10의 몫＝20개

A와 B와 C에 모두 포함되는 개수

＝30의 배수의 개수＝200÷30의 몫＝6개

따라서 '집합이 3개인 경우의 포함배제의 원리'(③)에 따라 A와 B와 C 가운데 적어도 어느 한쪽에 들어가는 구성원의 수＝100＋66＋40－33－13－20＋6＝146개이다.

마지막으로 〈문제 2〉는 '포함배제의 원리'의 식을 직접 적용할 수 없어서 상당히 복잡하다. 이런 문제를 푸는 게 대체 어디에 도움이 되느냐는 볼멘소리가 들려오는 듯하다. 그러나 '복잡성'만으로 유익성을 판단한다는 것은 성급한 판단이다. 문제는 그 발상 속에 첨단 과학으로 활용할 수 있는 요소가 들어 있는지, 인생을 풍요롭게 할 수 있는 사고가 존재하는지 여부이다. 6장에서는 집합 계산을 푸는 발상이 첨단 과학과 밀접한 연관이 있음을 소개할 생각이다. 모쪼록 포기하지 말고 끝까지 읽어주길 바란다. 〈문제 2〉를 풀면 다음과 같다.

집합 A, B, C를 각각 농구, 배구, 축구 희망자라고 하자. 〈문제 2〉에서 A의 수=13, B의 수=11, C의 수=18, A와 B 와 C에 모두 포함되는 사람=3임을 바로 알 수 있다. 어려운 것은 '1종목만 희망한 학생이 25명'이라는 조건을 어떻게 활용할 것인가이다. 이 사람 수는 〈그림 6-3〉의 D와 E 와 F의 구성원 수를 더한 것이다. 따라서 〈그림 6-4〉를 생각하면

A의 수+B의 수+C의 수-A, B, C 가운데 어느 한쪽에만 포함되는 개수(=D+E+F의 수)

=(G+H+I의 수의 합×2)+(J의 수×3)

=(A와 B 양쪽에 포함되는 수×2)+(B와 C 양쪽에 포함되는 수×2)+(A와 C 양쪽에 포함되는 수×2)-(A와 B와 C 에 모두 포함되는 수×3)이다.

따라서 13+11+18-25=(A와 B 양쪽에 모두 포함되는 개수×2)+(B와 C 양쪽에 포함되는 개수×2)+(A와 C 양쪽에 포함되는 개수×2)-9이다.

그리고

A와 B 양쪽에 포함되는 개수+B와 C 양쪽에 포함되는 개수+A와 C 양쪽에 포함되는 개수=(13+11+18-25+9) ÷2=13임을 알 수 있다.

여기서 '집합이 3개인 경우의 포함배제의 원리'에 따라

A와 B와 C 가운데 적어도 어느 한쪽에는 포함되는 구성원의 수=(A의 수+B의 수+C의 수)-(A와 B 양쪽에 포함

되는 수)-(B와 C 양쪽에 포함되는 수)-(A와 C 양쪽에 포함되는 수)+(A와 B와 C에 모두 포함되는 수)로 계산하면 13+11+18-13+3=32이다.

즉 '어떤 종목을 희망한 학생'은 32명임을 알 수 있으므로 '아무 종목도 희망하지 않은 학생'은 36-32=4명임을 알 수 있다.

●
약수 배수에 관한 재미있는 법칙

포함배제의 원리는 단순한 집합을 푸는 해법에 그치지 않는다는 점에서 유익하다. 그것을 아래와 같이 순서대로 자세히 살펴보자. 첫 단계는 약수 배수와 관련된 재미있는 법칙이다.

자연수를 입력 input 하면 어떤 법칙에 따라 계산하여 산출 output 하는 기능 f를 생각해보자. 이것은 중학교 수학에서 '함수'라 부른다. 이 함수 f에 k를 입력해 산출된 값은 $f(k)$라고 쓴다. $f(k)$의 예로는 단순한 1차 함수 $f(k)=2k$와 같은 것이 있다. 이 함수는 입력된 수를 2배로 산출한다. 1을 입력하면 2가 나오고 7을 입력하면 14가 산출된다. 기호로 표시하면 $f(1)=2$, $f(7)=14$이다.

좀 더 자세히 설명하면 $f(k)$를 'k 이하의 수로 k와 서로소인 자연수의 개수'라고 할 수 있다. 여기서 'k와 서로소인 자연수'란 제2장에서 살펴본 바와 같이 공약수가 k와 1밖에 없는 수이다. 예를 들어 이 함수 f에 8을 입력하면 8과 서로소인 자연수는 1, 3, 5, 7의 4가지이므로 4가 산출된다. 즉 $f(8)=4$이다. (이 함수는 뒤에서 중요한 역할을 한다.)

이런 임의의 기능 f를 이용해 다음과 같이 함수 $g(n)$을 만들어보자. 즉 $g(n)$은 n의 약수를 각각 f에 입력하여 산출된 수를 모두 더한 값이다. 다시 정리하면 다음과 같다.

$g(n)$ = n의 모든 약수 k를 $f(k)$에 넣어 모두 더한 값 ······(☆)

복잡하므로 예를 들어보자. n=3이라면, 3의 약수는 1과 3이므로 f에 의해 계산된 값의 합 $f(1)+f(3)$이 $g(3)$이다. 또 n=6일 경우에는 약수가 1, 2, 3, 6이므로 $g(6)$은 $f(1)+f(2)+f(3)+f(6)$이다. n에 1부터 12까지의 자연수를 넣어 $g(n)$을 만든 것이 〈풀이 1〉이다.

▶풀이 1

$g(1)=f(1)$

$g(2)=f(1)+f(2)$

$g(3)=f(1)+f(3)$

$g(4)=f(1)+f(2)+f(4)$

$g(5) = f(1) + f(5)$

$g(6) = f(1) + f(2) + f(3) + f(6)$

$g(7) = f(1) + f(7)$

$g(8) = f(1) + f(2) + f(4) + f(8)$

$g(9) = f(1) + f(3) + f(9)$

$g(10) = f(1) + f(2) + f(5) + f(10)$

$g(11) = f(1) + f(11)$

$g(12) = f(1) + f(2) + f(3) + f(4) + f(6) + f(12)$

여기서 생각해볼 문제는 f에서 g를 계산하는 시스템이 주어졌을 때, 어떻게 하면 반대로 이 g에서 f를 구하는 식을 얻을 수 있느냐이다. 벌써 똑똑한 학생은 아무 불평 없이 다음과 같은 계산을 하고 있을지 모르겠다. 만일 그럴 생각이었다면 당신은 상당한 재능을 갖고 있다는 증거다.

우선 첫 번째 좌변과 우변을 바꾸면 $f(1) = g(1)$을 얻을 수 있다. 다음으로 두 번째 식은 $f(2) = g(2) - f(1)$인데 여기에 $f(1) = g(1)$를 대입하면 $f(2) = g(2) - g(1)$이 되므로 $f(2) = -g(1) + g(2)$를 구할 수 있다. 마찬가지로 세 번째 식은 $f(3) = g(3) - f(1) = -g(1) + g(3)$이 된다. 여기에 4번째 식을 변형하여 지금까지 결과에 대입하면 $f(4) = g(4) - f(1) - f(2) = g(4) - g(1) - \{-g(1) + g(2)\} = -g(2) + g(4)$를 얻을 수 있다. 이렇게 작은 n부터 순서대로 계산하면 결과를 얻을 수 있다. 그것을 정리한 것이 〈풀이 2〉이다.

- 풀이 2 -

$f(1) = g(1)$

$f(2) = -g(1) + g(2)$

$f(3) = -g(1) + g(3)$

$f(4) = -g(2) + g(4)$

$f(5) = -g(1) + g(5)$

$f(6) = g(1) - g(2) - g(3) + g(6)$

$f(7) = -g(1) + g(7)$

$f(8) = -g(4) + g(8)$

$f(9) = -g(3) + g(9)$

$f(10) = g(1) - g(2) - g(5) + g(10)$

$f(11) = -g(1) + g(11)$

$f(12) = g(2) - g(4) - g(6) + g(12)$

이렇게 모든 $f(k)$에 관해서 역산공식을 얻을 수 있다. 실제로 해보면서 이 방법으로 계속 역산공식을 얻을 수 있음을 확인할 수 있다.

수학자 뫼비우스의 발견

이렇게 f를 g에서 역산할 수 있다는 것을 살펴보았다. 그러나 〈풀이 2〉의 식을 보면 더욱 많은 경우가 있음을 알 수 있다.

예를 들어 f(n)을 계산하는 식에서 g에 입력한 수는 모두 n의 약수임을 알고 있을 것이다. 게다가 모두 덧셈과 뺄셈으로 연결되어 있어 (연립방정식을 풀 때처럼) 2배나 3배와 같은 계수가 등장하지 않는다는 것도 예상할 수 있다. 실제로 이 예상은 모두 옳다. 뫼비우스라는 수학자는 19세기에 이 사실을 발견했다. 리본을 한 번 꼬아 붙여 완성한 링, 즉 '뫼비우스의 띠'로 유명한 수학자이므로 많이들 알고 있으리라 짐작한다. 뫼비우스가 발견한 공식은 다음과 같다.

아우구스트 뫼비우스
(A. F. Moebius, 1790~1868)

> **뫼비우스의 반전공식**
>
> g가 f에 의해 (☆)와 같이 주어졌을 때, f를 g에서 역산한 식은 다음과 같다.
> f(n)=n의 모든 약수를 d라고 했을 때, g(d)에 +1이나 -1, 또는 0을 넣어 더한 것.

각 g(d)에 +1, -1, 0 가운데 무엇을 넣어야 할지는 d에 따라 결정된다. 즉 d를 입력한 함수이다.(약수 d가 주어졌을 때 이 +1, -1, 0을 결정하는 함수는 뫼비우스의 함수라 부른다.)

●
오일러 함수를 규명하다

정수의 성질을 연구하는 분야 가운데 정수론이 있다. 특

레온하르트 오일러(Leonhard Euler, 1707~1783)

히 유명한 것이 오일러 함수이다. 오일러는 18세기에 활약한 천재 수학자의 이름으로 이 사람이 연구했기 때문에 붙은 명칭이다.

오일러 함수란 'n 이하의 수로 n과 서로소인 수가 몇 개인지'를 구하는 것이다. 이 오일러 함수를 $f(k)$라고 하자. 예를 들어 $k=3$일 경우, 3 이하의 수로 3과 서로소인 수는 1과 2의 두 개이므로, $f(3)=2$가 된다. 또 $k=8$일 경우, 8 이하이며 8과 서로소인 수는 1, 3, 5, 7이므로 $f(8)=4$이다.

이 함수는 매우 불규칙한 산출이 나오는 것으로 유명하다. 시험 삼아 1에서 12까지를 f에 입력하고 산출된 수를 살펴보자. 그것은

$f(1)=1, f(2)=1, f(3)=2, f(4)=2, f(5)=4, f(6)=2$

$f(7)=6, f(8)=4, f(9)=6, f(10)=4, f(11)=10, f(12)=4$

가 된다. 여러분도 여기에서 어떤 규칙성을 찾아낼 수 없으리라 생각한다. 그런데 이 함수의 정체는 뫼비우스의 반전 공식에 의해 밝힐 수 있다. 그러기 위해서 우선 다음과 같은 놀라운 성질을 알아둘 필요가 있다.

오일러 함수의 성질

n의 모든 약수를 d라고 할 때 $f(d)$를 모두 더한 값은 반드시 n으로 되돌아간다.

n에 1에서 12까지 대입하여 이 사실을 증명해보자. 계산은 n에 1에서 12까지를 넣었던 앞의 결과를 사용하면 간단하

다. 덧셈으로 1에서 12까지의 수가 순서대로 완성되는 것을 확인하기 바란다.(〈풀이 3〉)

〈풀이 3〉

$f(1) = 1$

$f(1) + f(2) = 1 + 1 = 2$

$f(1) + f(3) = 1 + 2 = 3$

$f(1) + f(2) + f(4) = 1 + 1 + 2 = 4$

$f(1) + f(5) = 1 + 4 = 5$

$f(1) + f(2) + f(3) + f(6) = 1 + 1 + 2 + 2 = 6$

$f(1) + f(7) = 1 + 6 = 7$

$f(1) + f(2) + f(4) + f(8) = 1 + 1 + 2 + 4 = 8$

$f(1) + f(3) + f(9) = 1 + 2 + 6 = 9$

$f(1) + f(2) + f(5) + f(10) = 1 + 1 + 4 + 4 = 10$

$f(1) + f(11) = 1 + 10 = 11$

$f(1) + f(2) + f(3) + f(4) + f(6) + f(12) = 1 + 1 + 2 + 2 + 2 + 4 = 12$

즉, (☆)의 규칙으로 만든 $g(n)$은 항상 n이 된다. 이 식을 〈풀이 2〉에서 한 것과 마찬가지로 거꾸로 풀다보면 (그것이 뫼비우스의 반전공식이었지만), 어떤 규칙성도 찾을 수 없던 오일러 함수 $f(n)$이, n의 약수 몇 개에 플러스와 마이너스 기호를 붙인 합으로 표현된다. 그것을 나타낸 것이 〈풀이 4〉이다.(각 계수 ±1 또는 0은 뫼비우스 함수로서 간단한 규칙으로 계산할 수 있다. 이것은 곧 오일러 함수가 완전히 특정한 것임을 의미한다.)

풀이 4

$f(1) = g(1)$

$f(2) = -g(1) + g(2) = -1 + 2$

$f(3) = -g(1) + g(3) = -1 + 3$

$f(4) = -g(2) + g(4) = -2 + 4$

$f(5) = -g(1) + g(5) = -1 + 5$

$f(6) = g(1) - g(2) - g(3) + g(6) = 1 - 2 - 3 + 6$

$f(7) = -g(1) + g(7) = -1 + 7$

$f(8) = -g(4) + g(8) = -4 + 8$

$f(9) = -g(3) + g(9) = -3 + 9$

$f(10) = g(1) - g(2) - g(5) + g(10) = 1 - 2 - 5 + 10$

$f(11) = -g(1) + g(11) = -1 + 11$

$f(12) = g(2) - g(4) - g(6) + g(12) = 2 - 4 - 6 + 12$

●

포함배제의 원리와 뫼비우스의 반전공식은 비슷한 원리

약수에 의한 계산(☆)의 뫼비우스 반전공식(〈풀이 2〉)과 처음에 소개한 포함배제의 원리가 비슷하다는 것을 눈치

챈 독자가 있을지 모른다. 그렇다. 실은 포함배제의 원리도 뫼비우스 반전공식의 일종이다.

집합이 2개인 경우를 포함배제의 원리로 설명해보자. 집합 A와 B가 있다고 하자. 이때 여기에 대응하는 3개의 문자 A, B, AB를 만든다. 그럼 이들 문자를 입력한 함수 2가지를 만들어보자. 첫 번째 함수 f는 A를 입력하면 'A에만 포함되는 구성원의 수'를, B를 입력하면 'B에만 포함되는 구성원의 수'를, AB를 입력하면 'AB양쪽(에만) 포함되는 구성원의 수'를 산출하는 함수다.(〈그림 6-6〉)

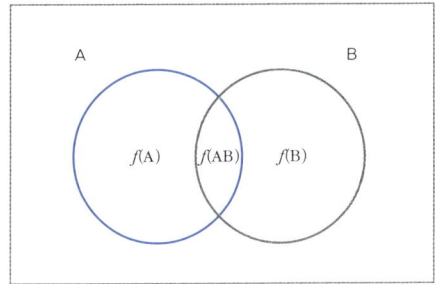

그림 6-6

한편, 함수 g는 A를 입력하면 '적어도 A에 포함되는 구성원의 수'를, B를 입력하면 '적어도 B에 포함되는 구성원의 수'를, AB를 입력하면 '(적어도)A와 B 양쪽에 모두 포함되는 구성원의 수'를 산출하는 함수다. 이 f와 g 사이에는 분명 다음과 같은 함수가 있음을 알 수 있다.

$$g(AB)=f(AB),\ g(A)=f(A)+f(AB),\ g(B)=f(B)+f(AB)$$

이것을 이용해 뫼비우스의 반전공식의 요령으로 g에서 f를 역산하는 식을 만들면

$f(AB)=g(AB)$, $f(A)=-g(AB)+g(A)$, $f(B)=-g(AB)+g(B)$가 된다.

그런데 포함배제의 원리로 계산하려고 하는 'A와 B 가운데 적어도 한쪽에 포함되는 개수'는 $f(AB)+f(A)+f(B)$이므로 앞의 역산식을 대입하면, A와 B 가운데 적어도 한쪽에 포함되는 개수 $=-g(AB)+g(A)+g(B)$이 된다.

g의 정의에서 이것은 '집합이 2개인 경우 포함배제의 원리'의 식(식 ②), 즉 (A와 B 가운데 적어도 한쪽에 들어가는 개수)=(A의 개수)+(B의 개수)-(A와 B 양쪽에 모두 포함되는 개수)를 의미한다. 다시 말해, 포함배제의 원리를 다른 방법으로 구할 수 있다는 뜻이다.(집합이 3개인 경우의 포함배제 원리도 같은 방법으로 유도할 수 있다.)

●

주종관계가 있으면 뫼비우스 반전공식이 성립한다

뫼비우스의 반전공식은 '순열구조'를 갖는 대상이라면 어떤 경우든 성립하는 것으로 알려져 있다. 여기서 '순열구조'란 대상의 일부에 '주종관계'가 나타나는 것을 말한다.

예를 들어 자연수 'a가 b의 약수'일 때 'b는 a의 주±이다'라고 정의할 수 있다. 즉, '6은 2의 주이다'나 '8은 3의

주가 아니다', '임의의 수는 1의 주이다'라는 표현을 쓸 수 있다. 이런 '주종관계'가 나타나는 대상에 다음과 같은 성질이 성립할 경우, 그 대상은 '순열구조를 갖는다'고 말한다.

추이율推移律

c가 b의 주이고 b가 a의 주이면 c는 a의 주이다.

여기서 살펴본 대로 자연수의 주종관계를 약수 배수로 정의하면 그것은 추이율을 만족시키므로 순열구조가 된다.

순열구조의 대상은 그 외에도 다양하게 존재한다. 예를 들어 상품에 대해서 'a보다 b가 좋은' 것을 'b는 a의 주'라고 정의할 수 있다. 이것은 경제학의 기본적인 사고방식이다. 또 '정치체제 a보다 정치체제 b를 지지한다'는 것을 'b는 a의 주이다'라고 정의하며 민주주의적 선택에 대해 논하는 분야도 있다. 게다가 집합 A와 B가 있을 경우에도 좀 전에 썼던 기호로 'A는 AB의 주', 'B는 AB의 주'라고 정의하여 순열구조를 도입할 수 있다.

이런 순열구조를 갖는 대상에 대해 함수 f와 g를 $g(x)=x$가 주±가 되는 모든 y를 $f(y)$에 넣어 모두 더한 식을 만들어보자. 이렇게 하면 틀림없이 g에서 f를 역산하는 공식을 만들 수 있다. 이것이 '일반화된 뫼비우스 반전공식'이다.(단, 일반화된 공식에서 계수는 +1, -1, 0만이 아니라 여러 정수값이 나온다.) 따라서 집합 구성원의 개수에 관한 포함배제의 원리도 이 '순열구조'의 뫼비우스 반전공식임을 이해할 수 있다.

이렇게 순열구조인 대상에 뫼비우스의 반전공식이 일반화된 포함배제의 원리로 나타난다는 사실이 증명되었다. 뫼비우스의 반전공식을 만든 과정에서 알 수 있듯 이것은 연립방정식을 푸는 방법과 비슷하다. 즉 초등학교 수학의 발상이 발전된 동시에 수학의 보편적 조작성과도 궤를 같이하고 있다. 그래도 뫼비우스의 반전공식을 만들 때에는 순서를 아래에 있는 식부터 순차적으로 반전시키면 되기 때문에 연립방정식을 푸는 것보다 훨씬 간단한 조작이라고 할 수 있다.

●
합승한 택시 요금 나누기: 협력게임

그렇다면 이제 뫼비우스 반전공식을 사회과학에 응용해보자. 보통 제휴를 통해 공동사업을 하면 개별 사업을 하는 것보다 비용 부담이 줄어든다. 예를 들어 도시 A와 B가 개별적으로 수도망을 정비하는 것보다 공동으로 두 도시를 잇는 수도망을 만들면 비용 부담이 줄어든다. 문제는 양쪽이 어떻게 비용을 부담하느냐이다. 이런 '공공비용 배분'은 사회에서 자주 볼 수 있는 문제로 정치에 관한 이야기라 할 수 있다.

이런 연구를 하는 분야를 '협력게임'이라고 한다. 이것은 게임이론 가운데 하나로 수학자 존 폰 노이만과 경제학자 오스카 모르겐슈테른 Oskar Morgenstern, 1902~1977의 저서 『게임이론과 경제행동』을 계기로 연구가 시작되었다. 현재는 경제학은 물론 경영학, 정치학, 사회학, 생물학, 심리학, 공학 등 다양한 분야에 응용되는 인기 분야이다.

협력게임은 플레이어가 모두 제휴하거나 부분적으로 제휴하여 이익이 발생한다고 가정할 때, 어떤 경우에 모두 제휴할 수 있는지, 그때 이익 배분은 어떻게 해야 합리적인지를 분석한다. 비근한 예로 택시 합승의 문제를 생각해보자.

현재 같은 방향으로 택시를 타고 가는 A와 B가 있다고 하자. 택시 요금은 A가 혼자 타면 2000원, B가 혼자 타면 2400원이다. 그런데 합승하면 3000원이면 된다. 이때 둘이 제휴하면 공동 이익이 발생한다는 사실을 알 수 있다. A와 B가 각각 택시를 이용하면 총 2000+2400=4400원의 택시요금이 들지만 합승하면 3000원이면 되므로, 4400-3000=1400원의 이익이 생긴다. 따라서 두 사람에게는 '합

게임이론에도 조예가 깊었던 수학자 존 폰 노이만(John von Neumann, 1903~1957)은 오늘날 모든 컴퓨터 설계의 기본이 되는 컴퓨터 프로그램 내장 방식을 개발한 것으로도 유명하다.

승'이라는 제휴를 할 동기가 생긴다. 그럼 제휴가 성립되려면 두 사람은 비용을 어떻게 부담해야 할까.

이것을 협력게임으로 바꾸는 방법은 아래와 같다. A가 혼자서 택시에 탈 때 A의 이익을 함수값 $g(A)$라고 한다. 마찬가지로 B가 혼자 택시를 탈 때 B의 이익은 $g(B)$가 된다. 또 A와 B가 제휴하여 택시에 합승했을 때의 공동이익을 $g(A, B)$라고 한다.(보통 기호 $v(\ )$를 이용하지만 이 책에서는 편의상 $g(\ )$를 사용한다.)

이때 각 함수의 값은 다음과 같다.

$g(A)=0$, $g(B)=0$, $g(A, B)=1400$ ······〈협력게임 1〉

이렇게 플레이어들이 제휴하여 생기는 이익을 $g(\ )$라는 형태로 수치화하여 협력게임을 정의할 수 있다.

협력게임이 주어졌을 때, '모두 제휴하여 얻을 수 있는 이익을 각 구성원에게 합리적으로 배분하는' 방법을 '게임의 해解'라고 한다. 협력게임에서는 다양한 '해'를 생각할 수 있는데 각각 특유의 합리성을 지니고 있다. 이 책에서는 그 가운데 로이드 샤플리 Lloyd S. Shapley라는 사람이 고안한 샤플리 값Shapley value을 소개한다. 샤플리 값이란 샤플리가 주장한 해(해법)로 각 플레이어의 참여 방법에 따라 공평하게 배분되는 이익을 말한다.

앞서 살펴본 '협력게임 1'에서는 어떤 해를 생각할 수 있

샤플리 값을 고안한 미국의 저명한 수학자이자 경제학자인 로이드 샤플리

을까. 분명 대부분 독자들은 제휴하여 생긴 이익 1400
원을 반반씩 공평하게 나누어야 한다고 생각할
터이다. 그렇다. 그것이 실제 샤플리 값이다.
따라서 'A는 700원을 받아야 하므로
2000-700=1300원을 택시 요금으로
지불하고, B도 700원을 받아야 하
므로 2400-700=1700원을 지
불한다.' 이것이 샤플리 값으로 구한 택시
요금 문제의 답이다.

말풍선: (2000+2400)-3000
=1400
2000-700=1300
2400-700=1700

●
세 사람이 합승한 경우

그럼, A, B, C 세 사람이 택시를 합승할 경우의 협력게임
을 어떻게 생각해야 할까. 예를 들어 A, B, C가 각자 따로
택시를 이용할 경우 1400원, 2000원, 1600원이 든다고 하
자. 다음으로 A와 B가 합승하면 2500원, A와 C는 2400원,
B와 C는 3000원이 든다. 마지막으로 세 사람이 타면 요금
은 3800원이다. 세 사람이 동의해 합승하려면 택시비를 어
떻게 나누어야 할까.

우선 이 구조를 협력게임으로 바꾸어보자. 합승이라는
협력으로 생긴 이익을 계산하면 다음과 같다.

$g(A)=0, g(b)=0, g(C)=0$

$g(A, B)=1400+2000-2500=900$

$g(A, C)=1400+1600-2400=600$

$g(B, C)=2000+1600-3000=600$

$g(A, B, C)=1400+2000+1600-3800=1200$

이 게임에서 3명의 플레이어가 각각 얻을 수 있는 이익, 즉 샤플리 값은 어떻게 나뉘는지 생각해보자.

우선 앞에서 살펴본 2명이 합승하는 경우를 다시 생각해 보자. 결국 2명이 합승해 얻은 이익 $g(A, B)=1400$을 절반씩 나누었다. '혼자일 경우 이익이 0인데 둘이 제휴해 처음으로 이익이 생겼으므로 그 증가분을 반씩 나눈 것'으로 해석할 수 있다. 이 이치를 3명에 대해 확장시키면 된다.

하지만 3명으로 늘어나면 1명이 2명이 되었을 때 이익이 생기고, 2명에서 3명으로 늘어날 때에도 이익이 생긴다. 더욱이 A와 B에 C가 들어와 3명이 제휴하게 되는 경우나 B와 C에 A가 들어와 3명이 제휴하게 되는 경우 등 여러 상황에 따라 이익 증가분도 달라진다. 이렇게 다양한 이익 증가분을 어떻게 처리하면 좋을까.

3명이 합승하는 경우에는 B와 C가 동시에 마지막으로 추가될 때의 이익 증가분이나 A와 C가 마지막으로 추가될 때의 이익 증가분 등 부분적인 '추가'의 효과를 수치화할 필요가 있다. 그것을 $f(B, C), f(A, C)$ 등 함수기호 f를 사용해 나타내기로 한다. 〈풀이 5〉의 식을 살펴보자.

- 풀이 5

$g(A) = f(A), g(B) = f(B), g(C) = f(C)$

$g(A, B) = f(A) + f(B) + f(A, B)$

$g(A, C) = f(A) + f(C) + f(A, C)$

$g(B, C) = f(B) + f(C) + f(B, C)$

$g(A, B, C) = f(A) + f(B) + f(C) + f(A, B) + f(A, C) + f(B, C) + f(A, B, C)$

이 식을 설명해보자. 우선 첫 행은 플레이어가 한 명인 경우, 부분 값 f의 값과 이익 g의 값이 일치한다. 다음으로 2~4번째 줄은 A와 B, A와 C, B와 C의 두 사람이 제휴(합승)할 경우, 공동 이익인 부분 값 $f(A, B)$, $f(A, C)$, $f(B, C)$라는 값이 추가된다.(두 사람이 합승한 경우는 이것을 절반으로 나누면 된다) 그런데 5번째 줄, 즉 세 사람이 제휴한 경우는 어떻게 될까. 여기에 나타난 $f(A, B, C)$는 두 사람씩의 부분 값 $f(A, B)$, $f(A, C)$, $f(B, C)$를 더한 뒤에 3명이 제휴함으로써 고유하게 발생하는 이익 조정분으로 추가된 세 사람의 부분 값이다. 즉 세 사람이 어떤 순열로 제휴했는지와 상관없이 독자적으로 늘어나는 이익으로 보면 된다.(이 설명만으로는 이해하기 어려울지 모른다. 이 함수 f를 사용한 이익 배분의 합리성은 나중에 더 자세히 설명할 테니 우선 그대로 진행해보자.)

그런데 만일 이런 f의 값을 모두 구했다면 각 플레이어가 얻는 이익(혹은 지불하는 택시요금)은 어떻게 될까. 다음과 같이 구하는 것이 일반적이다.

$f(A, B)$를 A와 B에서 반씩 나누는 것은 2사람이 합승한 경우와 같다. $f(A, C)$에서도 A와 C를 $f(B, C)$에서도 B와 C를 반씩 나누는 것은 마찬가지다. 마지막으로 $f(A, B, C)$는 지금까지 제휴한 과정과 상관없이 세 명이 제휴하여 생기는 효과를 조정하기 위한 부분값이므로 3명이 공평하게 나누는 게 당연하다. 따라서 이 '협력게임 2'에서 각 플레이어의 샤플리 값(얻어야 할 이익)은 각 참가자의 부분값을 공평하게 나누어 합산한 결과여야 한다.

A의 샤플리 값
$= f(A) + f(A, B) \div 2 + f(A, C) \div 2 + f(A, B, C) \div 3 \cdots\cdots$ ①
B의 샤플리 값
$= f(B) + f(A, B) \div 2 + f(B, C) \div 2 + f(A, B, C) \div 3 \cdots\cdots$ ②
C의 샤플리 값
$= f(C) + f(A, C) \div 2 + f(B, C) \div 2 + f(A, B, C) \div 3 \cdots\cdots$ ③

따라서 7개의 f의 값이 결정되면 샤플리 값을 구체적으로 계산할 수 있다.

●
뫼비우스의 반전공식이 나타난다!

그럼 세 명이 택시를 합승한 문제에서 f의 값 7개를 구체적으로 구해보자. 다시 한 번 〈풀이 5〉를 자세히 보자. 이것은 이 장에서 여러 번 봤던 '일반화된 뫼비우스 반전'의 형식 자체임을 알 수 있다. 그럼 이제 순번대로 역산공식을 거듭하며 g에서 f를 역산할 수 있다. '실제 (A, B)는 A의 주'라거나 '(A, B, C)는 (B, C)의 주'라는 주종관계를 정의하면 순열구조가 되기 때문에 '일반화된 뫼비우스 반전공식'을 사용할 수 있다. 구체적인 계산은 〈풀이 5〉와 244쪽에 나온 각 항의 값을 바탕으로 구할 수 있다. 〈풀이 6〉을 보고 이해하기 바란다.

─ 풀이 6 ─

$f(A) = g(A) = 0, f(B) = g(B) = 0, f(C) = g(C) = 0$

$f(A, B) = -f(A) - f(B) + g(A, B) = -g(A) - g(B) + g(A, B) = 900$

$f(A, C) = -f(A) - f(C) + g(A, C) = -g(A) - g(C) + g(A, C) = 600$

$f(B, C) = -f(B) - f(C) + g(B, C) = -g(B) - g(C) + g(B, C) = 600$

$f(A, B, C) = -f(A) - f(B) - f(C) - f(A, B) - f(A, C) - f(B, C) + g(A, B, C) = -900 - 600 - 600 + 1200 = -900$

이것을 246쪽의 식 ①, ②, ③에 대입하면

A의 샤플리 값=f(A)+f(A, B)÷2+f(A, C)÷2+f(A, B, C)÷3
=0+450+300-300=450

B의 샤플리 값=f(B)+f(A, B)÷2+f(B, C)÷2+f(A, B, C)÷3
=0+450+300-300=450

C의 샤플리 값=f(C)+f(A, C)÷2+f(B, C)÷2+f(A, B, C)÷3
=0+300+300-300=300

즉, 3사람이 제휴해서 택시를 합승해 얻을 수 있는 이익 1200원은 샤플리 값에 의해 A, B, C 각각 450원, 450원, 300원으로 나누어야 한다는 답이 나온다. 비용 부담 면에서 말하면 3800원의 택시비를 A가 950원, B가 1550원, C가 1300원 지불하면 된다.

이런 데까지 뫼비우스 반전이 나타난다니 놀라운 일이 아닌가.

●
합리적인 샤플리 값

그럼 이렇게 샤플리 값을 이용해 비용 부담을 결정하거나, 이익 분배를 하려면 어떻게 해야 합리적일까. 실은 이런 결정방식은 반드시 아래의 성질을 갖고 있다.(〈성질 1〉)

이것은 앞의 예로 설명하면, A, B, C 세 사람의 샤플리 값을 더하면 세 사람이 제휴하여 생긴 이익 g(A, B, C)와

성질 1

각각의 샤플리 값을 모두 더하면 모두가 제휴한 경우의 이익이 된다.

일치한다는 뜻이다. 즉 식①, ②, ③을 더하면 〈풀이 5〉의 마지막 식이 되므로 성립하는 게 당연하다.

두 번째 성질은 다음과 같다.

성질 2

두 명의 구성원 x와 y가 있을 때, 이들이 속하지 않는 어느 집단 S에 대해서 S에 x만 들어가는 제휴로 얻을 수 있는 이익과 S에 y만 들어가 얻을 수 있는 이익이 일치할 때, x와 y를 대칭적 샤플리라고 한다. 이 대칭적 샤플리의 샤플리 값은 반드시 일치한다.

앞에 나온 게임의 예로 설명하면 A와 B가 대칭적 플레이어에 해당한다. 다른 두 명이 있는데 A가 추가됨으로써 생기는 이익($g(A, B, C) - g(B, C) = 600$)과 B가 추가됨으로써 생기는 이익($g(A, B, C) - g(A, C) = 600$)이 같기 때문이다. 또 마찬가지로 C만 있는 집단에 A만, 혹은 B만 들어옴으로써 생기는 이익이 같다는 것(모두 600)으로도 확인할 수 있다. 실제 A의 샤플리 값과 B의 샤플리 값은 일치한다. 이 성질은 뫼비우스 반전을 계산할 때에 A와 B에 항상 대칭적인 계산을 한 것으로도 추리할 수 있으리라 짐작한다.

세 번째 성질은 다음과 같다.

> **성질 3**
>
> 구성원 x가 집합 S에 들어가 제휴함으로써 얻을 수 있는 이익이 S만 제휴해 얻을 수 있는 이익과 조금도 다르지 않을 때, x를 독립 플레이어라고 부르자. 그때, 독립 플레이어의 샤플리 값은 0이다.

앞의 예에서는 독립 플레이어가 존재하지 않았으므로 이해하기 어려우리라 짐작한다. 합승문제에 비유하면 방향이 맞지 않아서 누구와 합승을 하든 혼자 탈 경우의 요금이 그대로 내야 하는 사람이 있다고 상상하면 된다. 성질 3은 이런 사람에게 배분되는 이익이 0임을 의미한다. 뫼비우스 반전에 익숙해지면 '그야 그럴 수도 있음'을 알 수 있지만 너무 깊이 들어가지 말고 다음 이야기로 넘어가보자.

> **성질 4**
>
> 같은 구성원이 하는 독립된 2개의 게임을 각각 g와 h라고 하자. 구성원이 부분적으로 제휴하거나 모두 제휴하여 g와 h의 이익을 모두 얻을 수 있는 제3의 게임이 있다고 생각하고 그 게임을 g+h로 나타낸다.(동시에 플레이하고 양쪽의 이익을 한쪽에서 얻는 것을 상상하면 된다.) 이 게임 g+h에 대한 각각의 샤플리 값은 개별 게임 g와 h의 개별 샤플리 값을 더한 것과 같다.

이 성질은 지금까지의 계산을 (즉 뫼비우스 반전의 계산) 이해한 사람이라면 거의 확실히 이해하리라 짐작한다. g와 h를 각각 뫼비우스 반전으로 만든 뒤 더한 것과 처음부터 g+h를 만들어두고 뫼비우스 반전을 만든 결과는 똑같다.

샤플리 값은 이런 네 가지 성질을 갖고 있는데, 재미있는 것은 이 반대의 경우도 성립한다는 점이다. 즉 네 가지 성질을 모두 만족시키는 이익 배분은 샤플리 값에 의한 배분 밖에 없음이 증명된 셈이다.

다시 한 번 네 가지 성질을 살펴보자. '공동 이익을 배분'하는 시스템을 생각할 때 이 네 가지 성질에는 억지스럽거나 자의적인 부분이 거의 없어 매우 자연스럽다. 이렇게 합리적인 네 가지 룰을 증명한 만큼 이제 공동의 이익은 샤플리 값으로 배분할 수 있으며 샤플리 값이 얼마나 합리적인 배분인지 이해할 수 있으리라 짐작한다. 협력게임의 해는 일반적으로 이렇게 '규칙'에 '공리'를 부여하고 그것을 모두 만족시키는 것이 특징이다.

●
카디널리티 Cardinality의 관점에서 본 샤플리 값

샤플리 값은 공리론에서 보았을 때 합리적인 해법임을 살펴보았다. 그런데 합리성은 그뿐만이 아니다. 샤플리 값은 달리 해석할 수도 있다. 제5장에서 살펴본 카디널리티

Cardinality의 관점에서 샤플리값을 해석하는 방법이다. 어떻게 하면 될까?

A에 대한 이익 분배를 생각해보자. 택시 정류장에서 세 명이 무작위로 도착해 순열을 만들었다고 하자. 도착한 순서는 순열이므로 3!=6가지의 경우가 있다. 따라서 어떤 순열로 도착하든 확률은 6분의 1이다.

이때 도착한 순서대로 모두 제휴하기로 했다고 가정한다. 예를 들어 B, A, C의 순서로 도착해 모두가 제휴하기로 한 경우를 살펴보자. B가 있는 곳에 A가 두 번째로 도착하자 B는 합승을 권한다. A가 망설이자 B는 "당신이 합승해서 생기는 이익은 모두 당신에게 드리겠다"고 한다. 이때 A가 약속받은 것은 $g(A, B)-g(B)$ 즉 900원이다. 그래서 A는 제휴를 허락한다. 마지막으로 C가 도착하면 이미 제휴한 2명이 '같이 타자'며 권유한다. 이때 결정권은 C에게 넘어가 A에게는 더 이상 교섭 결정력이 없다. 따라서 이 순서대로 도착할 경우, A가 받는 것은 900원이며 그것이 확률 6분의 1로 일어난다고 생각할 수 있으므로 평균 900÷6=150원의 이익을 A가 갖는다고 보는 게 타당하다.

B, C, A의 순서로 도착할 경우, 마찬가지로 A가 세 번째로 도착했을 때 $g(A, B, C)-g(B, C)$, 즉 600원을 받게 되므로 600원을 6분의 1로 나눈 100원이 A에게 돌아가는 평균적인 이익이다. 남은 네 가지 도착 순서도 이와 같이 계산하면 A, B, C에 대해서는 0원, A, C, B에 대해서도 0원, C,

A, B에 대해서는 100원, C, B, A에 대해서는 100원이 된다. 여기에 확률적으로 평균화된 6가지 이익 배분을 더하면 150+100+100+100=450원이 되는데 이것이 바로 A가 받는 샤플리 값이 아닐까.

이렇게 샤플리 값으로 구한 이익 분배는, 우연히 도착한 순서대로 갖게 되는 교섭 결정권에 따라 얻는 이익을 확률적으로 평균화한 것과 일치한다. 이렇게 보면 샤플리 값이 얼마나 합리적인 방법인지 알 수 있다.

●
의회에서 차지하는 정당의 힘

마지막으로 샤플리 값에서 비롯된 발상을 실제로 응용한 예를 들어보자. UN안전보장이사회에서 상임이사국이 갖는 파워나 국회에서 제1당이 갖는 파워를 수치화한 것이다.

이제 위원회에서 의결하는 경우를 협력게임에 비유해보자. 어떤 그룹에서 전원이 제휴하여 투표를 통해 의안을 결정할 경우, 기존에 했던 제휴로 얻는 이익을 1이라 하고 전원이 투표하여 가결되지 않는 경우의 이익을 0이라고 한다. 또 특별한 플레이어 A가 있으며 A의 찬성을 얻지 못하면 어떤 안도 가결될 수 없다고 가정한다. 이것은 UN안전보장이사회의 상임이사국이나 국회의 절대 다수를 차지하는 제1당이라고 생각하면 쉽다. A를 '거부권 플레이어' 라 부른

게임이론에 조예가 깊은 예일대 경제학과의 마틴 슈빅(M. Schubik) 교수

다. 즉 A를 포함하지 않은 제휴의 이익은 0이다.

이런 구조의 협력게임에서 투표자의 영향력을 나타내는 파워지수는 샤플리 값을 이용해 정의할 수 있다. 우선 다수의 의안이 무작위로 제안된 상황을 생각해보자. 이 의안들을 가결시키겠다는 플레이어의 의지는 각기 다르다. 또 제안된 의안에 적극적으로 찬성하는 사람부터 순서대로 찬성표를 낸다고 가정한다. 의안이 무작위로 제안된 상황과 의안에 대한 플레이어의 의욕의 정도가 다양하므로 투표 순서가 어떻든 같은 확률이라고 생각하면 된다.

어떤 투표 순열에 대해 부결을 가결로 바꿀 수 있는 이른바 결정권을 쥔 플레이어를 '피벗Pivot'이라 부른다. 이때 각 플레이어의 파워 지수는 '피벗이 될 확률'이라고 정의한다. 이 파워지수는 제안자인 마틴 슈빅M. Shubik의 이름을 따서 샤플리-슈빅 파워지수라 부른다.

예를 들어보자. 3명의 플레이어 A, B, C가 투표자이며 A는 거부권 플레이어이다. 그리고 이때 찬성표를 던진 투표 순열은 3!=6가지이다.

이들 6가지를 열거하며 피벗을 강조하면 다음과 같다.

ABC ACB BAC BCA CAB CBA

예를 들면 맨 앞의 투표 순서(ABC)로 진행할 경우, A의 찬성만으로는 과반수를 얻을 수 없으며 B가 거부권을 가지므로 B가 피벗이다. 또 네 번째 투표(BCA)의 경우, 가령 B와 C가 찬성표를 던져도 거부권을 가진 A의 찬성이 없으면 가결될 수 없으므로 A가 피벗이 된다.

그렇다면 A는 여섯 가지 가운데 네 가지 경우에 피벗이 되므로 샤플리-슈빅 파워지수는 6분의 4(=3분의 2)이며 B와 C의 샤플리-슈빅 파워지수는 모두 6분의 1이다. 즉 3명의 플레이어일 경우, 거부권 플레이어는 다른 플레이어보다 4배나 큰 영향력을 갖는다고 예측할 수 있다.

이렇게 순열을 생각하며 확률을 계산하는 방법이 샤플리 값과 일치한다는 것도 확인할 수 있다. UN이나 국회의결 등 정치계에도 이런 수리적 발상이 도입되었다니 매우 흥미로운 일이다.

맺음말

산술적 사고와의 재회

내가 처음으로 수학의 재미에 눈뜬 것은 초등학교 4~5학년쯤, '일정한 간격으로 심어진 나무의 수와 나무 간격의 수가 다르다는 것'을 배웠을 때였다. 이 계산의 원리는 '나무 사이의 간격은 심어진 나무의 수보다 1이 적다'는 아주 단순한 내용이었다. 그러나 나는 그제야 자연의 섭리를 깨달은 듯 흥분해 하굣길에 벚나무가 몇 그루인지, 그 사이의 간격은 몇 개인지 세며 걸었다. 내게는 수학을 세상에서 직접 확인한 것이 굉장히 놀라운 일이었다.

그러나 본격적으로 수학을 좋아하게 된 것은 얼마 후인 초등학교 6학년 때부터다. 담임선생님의 영향이 컸다. 선생님은 해답뿐 아니라 문제를 푸는 과정까지 중시하는 분이었다. 그래서 학생을 칠판 앞으로 불러내 '어떻게 그 답이 나왔는지' 설명하게 했다. 분명 튀고 싶었던 나는 어쨌든 많은 사람 앞에서 멋지게 설명하고 싶어서 기를 쓰고 수학문제를 풀었다. 나중에 알게 된 사실이지만 같은 반에는 이미 중학교 입학시험을 치른 아이가 몇 명 있었다. 식은 죽 먹기인 문제를 의기양양한 표정으로 발표하는 내가 얼마나 우스워보였을지 생각하니 얼굴이 달아올랐다.

초등학교 때부터 수학을 좋아했지만 중학생이 되어 방정식을 배우며 느낀 쾌감은 훨씬 강렬했다. 지금까지 각론으로 이해했던 수학 해법이 쓸모없어지고 문제에 나타난 상황을 방정식으로 바꿔 정해진 대로 대수로 조작하면 반드시 풀 수 있었다. 나는 그 놀라운 구조에 감탄하지 않을 수 없었다.

그 후 마음 한 구석에 초등학교 때 배우는 수학을 우습게 보는 오만함이 생겼던 것 같다. 그것은 이후 수학 교사가 된 뒤에도 마찬가지여서 오랫동안 교단에 몸담으며 초등학교 때 배웠던 기본적인 수학에 대해 다시 생각해본 적이 한 번도 없다. 바로 얼마 전까지도 초등학교 수학의 산술적 사고가 인생에서 얼마나 소중한지를 눈곱만큼도 생각하지 않았다.

그러던 중에 이 책의 편집자 오바 아키라 씨가 이 책을 기획해보자고 제안했다. 그 순간 머릿속이 번쩍하는 느낌이었다. 앞에서 '눈곱만큼도 생각하지 않았다'고 했지만 수면 밑에서 서서히 진행되던 일종의 의식 변화는 편집자의 말을 계기로 뇌에서 폭발해 불꽃이 터졌다.

나는 수학 교육자를 거쳐 현재 경제학자를 업으로 삼고 있다. 실은 경제학 연구를 하며 내 머리의 '구조 개혁'이 필요함을 뼈저리게 느끼던 터였다. 간단히 말하면 '세상에 일어나는 일들을 수리적 직감으로 파악해야 할' 필요성이었다. 여기서 '수리적 직감으로 파악한다'는 말을 설명할 대립 개념을 살펴보자. 그것은 '수리적으로 기호 조작을 하는 것'이다. 좀 더 상세히 설명하면 수리적 직감으로 파악한다는 것은 초등수학에서 배우는 '수학적 마인드로 세상을 주시하는 것'이고 후자는 '방정식으로 세상을 풀어가는 것'이다. 나는 머리를 후자에서 전자로 전환시켜야 할 필요성을 절실히 느끼고 있던 참이었다.

경제학을 연구하며, 아니 경제학을 위해 필요한 공학이나 물리학, 통계학을 공부하면서 '만물을 소박하게 원시적으로 이해' 하는 것이 무엇보다 중요하다고 느꼈다. 이런 분야의 대표적인 결과를 이해하기 위해, 그것이 어떤 기호로 표시되며 어떤 정리 조작으로 법칙이 증명되는지, 아무리 '수식'을 노려보아도 결코 피가 되고 살이 될 만한 이치를 깨달을 수 없다. '수리적 기호 조작'은 생각을 치밀하게 정리한다는 점에서 중요하지만 무엇을 본질적으로 이해하는 데에는 도움이 되지 않는다. 본질적으로 이해하려면 '그것이 어떤 발상인지'를 내 안에서 철저히 소화하고 단순화한 다음, 주변에서 접할 수 있는 감각이나 인생관과 연관지어 생각할 필요가 있다. 한마디로 '만물을 소박하게 원시적으로 이해'할 수 있어야 한다. 머릿속에서 폭발이 일어난 뒤 그것이 초등학교 때 공부했던 '산술적 사고'임을 깨달았다.

편집자가 제안한 이 책의 집필은 분명 내 의식 전환 과정과 궤를 같이 하는 것이었다. 나는 이렇게 해서 잊고 있었던 초등학교 수학과 다시 만났다.

또 한 가지 '재회'가 있다. 내가 공동 연구자들과 함께 쓴 최근 논문은 6장에서 해설한 샤플리 값을 발전시킨 내용이다. 그것은 뫼비우스 반전 공식을 깊이 이해하는 연구가 되었다. 한편 앞서 썼던 책 『확률적 발상법』에서는 비가법적 확률론非加法的確率論이라는 것을 소개했다. 이 확률이론은 사람이 방황하거나 망설이는 심정을 수리화한 대단히 흥미로운 이론이라 할 수 있다. 실은 이 이론에서도 뫼비우스 반전공식이 중요한 역할을 한다. 뫼비우스 반전공식은 샤플리 값과 비가법적 확률론의 경계를 종횡무진 넘나드는 도구이다. 나는 이 뫼비우스 반전공식을 통해 또 다른 '재회'를 했다. 이건 또 무슨 소린가.

나는 젊었을 때 수학자가 되고 싶었다. 그 꿈을 이루지 못하고 주저앉았지만 그때 연구하고 싶었던 분야는 정수론이었다. 정수론이란 소수나 '거듭제곱 수' 등에 관한 다양한 예측을 해명하는 분야다. 이 정수론에서 뫼비우스 함수는 굉장히 중요한 도구였다. 거기에 열중했던 것도 벌써 꽤 오래 전의 일이다. 설마 그 뫼비우스 반전공식을 경제학을 연구하며 다시 만나리라고는 꿈에도 생각지 못했다. 게다가 여기서 다루는 내용은 인간관계나 인생이 뜻대로 풀리지 않을 때 어떻게 행동해야 할 것인가, 혹은 발생한 공동 이익을 어떻게 나눌 것인가와 같은 실생활과 밀접한 이야기였다.

인생이란 정말 알 수 없는 것이다. 좌절하기도 했지만 한 번 공부했던 것이 돌고 돌아 수십 년이 지난 지금 내 무기가 되었다. 그렇기 때문에 무엇이든 쓸모없다고 단정해서는 안 된다. 초등학교에서 배우는 수학도 마찬가지다. 이 책을 집필하며 이미 한 번 졸업했던 초등수학과 다시 만났다. 지금 느끼는 감정은 '반가움'이 아니다. 그보다는 오히려 초등수학의 재발견이 다음 연구에 구체적으로 활용될 것이라는 기대감이다.

이 책을 집필하는 데에는 도쿄대학 물성 연구소 조교수 가토 다케오 씨가 많은 도움을 주셨다. 늘 깊은 감사의 마음을 어떻게 전해야 할지 모르겠다. 물리에 관한 지식은 거의 가토 씨에게 배웠다. 글로 옮기며 내 방식대로 표현을 바꾼 부분이 많은 만큼 혹시 오류가 있다면 그 책임이 필자에게 있음은 말할 것도 없다.

또 이전 책에 이어 이 책도 기획에서 편집까지 NHK북스의 오바 아키라 씨가 수고해주셨다. 이런 흥미진진한 일을 계속 할 수 있었던 것은 모두 그의 덕분이다. 마지막으로 이 책을 간행하기까지 여러 모로 도움을 주신 이모토 미쓰토시 씨와 이가라시 히로미 씨에게도 감사의 말씀을 전한다.

2006년 5월

고지마 히로유키

참고문헌

1장

유리 체르냐크 · 로버트 로즈(Yuri B. Chernyak, Robert M. Rose), 『민스크의 닭』, 하라 신지 · 이와사키 데쓰야 옮김, 翔泳社, 1996.

스티븐 호킹(Stephen W. Hawking), 『짧고 쉽게 쓴 시간의 역사』, 전대호 옮김, 까치, 2006.

2장

에릭 템플 벨(Eric Temple Bell), 『수학을 만든 사람들』, 안재구 옮김, 미래사, 2002.

고지마 히로유키, 『수학의 유전자』, 日本實業出版社, 2003.

시바타 히로후미, 『환경경제학』, 東洋經濟新報社, 2002.

고지마 히로유키, 『생태학자를 위한 경제학』 東洋經濟新報社, 2006.

3장

도모나가 신이치로, 『생물학이란 무엇인가 (上)』, 岩波書店, 1979.

마쓰시다 미쓰구, 『프랙탈 물리 I』, 裳華房, 2002.

케네스 팔코너(Kenneth Falconer), 『프랙탈 기하학의 기법』, 오히 후미오·고와다 마사시 옮김, Springer-Verlag 東京, 2002.

아시하라 요시노부, 『숨겨진 질서』, 中央公論社, 1986.

Sheinkman J. A and Woodford, M. "Self -Organized Criticality and Economic Fluctuations", American Economic Review, 84, pp.417~421, 1994.

폴 크루그먼(Paul Krugman), 『자기 조직의 경제』, 박정태 옮김, 부키, 2002.

4장

맨큐(N. gregory Mankiw), 『거시경제학』, 이병락 옮김, 시그마프레스, 2007.

후쿠다 신이치·테루야마 히로시, 『거시경제학 II:입문』, 有斐閣, 1996.

데이비드 로머(David Romer), 『고급 거시경제학』, 호리 마사히로 외 옮김, 日本評論社, 1998.

이와타 키쿠오·미야카와 쓰토무, 『잃어버린 10년의 원인은 무엇인가』, 東洋經濟新報社, 2003.

5장

고이데 쇼이치로, 『엔트로피』, 共立出版, 1979.

히구치 요시오, "대학교육과 소득배분", 이시카와 쓰네오 편, 『일본의 소득과 부의 분배』, 東京大學出版會, 1994.

6장

고지마 히로유키, 『문과학생을 위한 수학교실』, 講談社, 2004.